全世界孩子最喜爱的大师趣味科学丛书⑧

ENTERTAINING CHEMISTRY

〔法〕让-亨利·卡西米尔·法布尔◎著　刘 畅◎译

U0391592

中国妇女出版社

图书在版编目（CIP）数据

趣味化学 /（法）法布尔著；刘畅译. -- 北京：
中国妇女出版社，2016.7（2024.6重印）
（全世界孩子最喜爱的大师趣味科学丛书）
ISBN 978-7-5127-1311-6

Ⅰ.①趣…　Ⅱ.①法…②刘…　Ⅲ.①化学—青少年
读物　Ⅳ.①O6-49

中国版本图书馆CIP数据核字（2016）第129342号

趣味化学

作　　者：〔法〕让-亨利·卡西米尔·法布尔　著　刘畅　译
责任编辑：应莹　李一之
封面设计：尚世视觉
责任印制：王卫东
出版发行：中国妇女出版社
地　　址：北京市东城区史家胡同甲24号　　邮政编码：100010
电　　话：（010）65133160（发行部）　　65133161（邮购）
法律顾问：北京市道可特律师事务所
经　　销：各地新华书店
印　　刷：北京中科印刷有限公司
开　　本：170×235　1/16
印　　张：17
字　　数：230千字
版　　次：2016年7月第1版
印　　次：2024年6月第38次
书　　号：ISBN 978-7-5127-1311-6
定　　价：32.00元

编者的话

"全世界孩子最喜爱的大师趣味科学"丛书是一套适合青少年科学学习的优秀读物。丛书包括科普大师别莱利曼和博物学家法布尔的8部经典作品，分别是：《趣味物理学》《趣味物理学（续篇）》《趣味力学》《趣味几何学》《趣味代数学》《趣味天文学》《趣味物理实验》《趣味化学》。大师们通过巧妙的分析，将高深的科学原理变得简单易懂，让艰涩的科学习题变得妙趣横生，让牛顿、伽利略等科学巨匠不再遥不可及。另外，本丛书对于经典科幻小说的趣味分析，相信一定会让小读者们大吃一惊！

由于写作年代的限制，本丛书的内容会存在一定的局限性。比如，当时的科学研究远没有现在严谨，书中存在质量、重量、重力混用的现象；有些地方使用了旧制单位；有些地方用质量单位表示力的大小，等等。而且，随着科学的发展，书中的很多数据，比如，某些最大功率、速度等已有很大的改变。编辑本丛书时，我们在保持原汁原味的基础上，进行了必要的处理。此外，我们还增加了一些人文、历史知识，希望小读者们在阅读时有更大的收获。

在编写的过程中，我们尽了最大的努力，但难免有疏漏，还请读者提出宝贵的意见和建议，以帮助我们完善和改进。

目录

Chapter 3　单　质 → 29

Chapter 4　化合物 → 37

Chapter 5　呼气实验 → 47

Chapter 6　空气实验 → 57

Chapter 7　第二次空气实验 → 67

Chapter 8　两只麻雀 → 77

Chapter 9　燃烧的磷 → 87

Chapter 14　空气与燃烧 → 143

Chapter 15　锈 → 151

Chapter 16　在铁匠铺中做实验 → 157

引　子

保罗叔叔是一个博学的人，他隐居乡间，每天的生活都围绕着浇花种菜。他的两个侄子和他一同生活，一个是爱弥儿，一个是约尔，两个侄子都十分热爱学习。约尔的年龄大一些，对于学习更加认真，他觉得学校所教授的知识是极为有限的，如果他掌握了文法和数学的学习方法，那么以后学习钻研就可以不必再进学校了。

同时，保罗叔叔也努力鼓励两个孩子的求知心，他总是说："在我们生命的这场战役中，最好的武器就是我们受过训练的头脑。"

最近几天，保罗叔叔心里常常计划着教两个孩子学一学化学，因为他认为化学是所有应用于实际的科学中最有效用的。

保罗叔叔常常自问："孩子们将来要成为什么样的人？是成为制造专家、匠人、机械专家、农夫，还是做其他什么事情呢？这是我无法预知的。但是无论如何，有一件事情是我可以确定的，那就是无论他们将来做什么事情，希望他们都能够描述出自己所做事情的原因与原理。换句话说，他们必须掌握基本的科学知识。比如，他们知道空气是什么，水是什么，我们为什么需要呼吸，木柴为什么会燃烧，植物的主要营养素是什么，土壤的成分都有什么……这些基础理论都与农业、工业、医药等有着十分重要的联系。我不想让他们人云亦云地学习某些模糊、零散的知识，我希望他们完全从自己的观察与经验中推理出这些事实。而这个时候，书籍最多只能作为科学实验的一种补充，并没有决定性的作用。但是，我们该如何进行观察与实验呢？"

保罗叔叔开始反复思考他的计划。他发现这个计划想要实施还有着极大的困难，因为他们没有实验室和精细化学仪器。他们目前所拥有的只是一些普遍的、常见的家用物品，比如，瓶、壶、罐、盆、碟、盅、杯等。初步看来，这些家用物品似乎不能胜任一个严谨的化学实验。不过幸运的是，他们的住所离市区很近，如果需要，可以购买一些必要的药品和仪器。但最重要的一个根本问题是：怎样利用这些简单的家庭用品来教授两个孩子有用的化学知识呢？

有一天，保罗叔叔终于对两个孩子说，他想教他们做一个小游戏来让他们的常规功课变得更有趣味。他并没有说"化学"这个名词，因为即使说出来，两个孩子也不懂。他只说了各种有趣的物品和预备要做的各种新奇的实验。孩子的天性是活泼、好奇的，爱弥儿和约尔听了叔叔的话后，都对这些新鲜的东西很感兴趣。

他们问："我们什么时候能动手呢？明天，还是今天？"

保罗叔叔说："今天！我们先准备5分钟，然后立刻就开始。"

Chapter 1
混合与化合

证明铁屑

保罗叔叔先跑到附近的锁匠铺，他从锁匠的工作台上拿了一小撮东西，并且用废报纸将其包好。然后，他又跑到药店里买了一些药，也用废报纸包好，拿回了家。实验就开始了。

保罗叔叔打开一个纸包问孩子们："这是什么呀？"

爱弥儿说："这是一种黄色粉末，用手指捻这些粉末，会发出一种极轻微的声响，我想这种粉末一定是硫黄。"

约尔说："没错，一定是硫黄，我们可以用它来做实验。"

说着，约尔就跑进厨房，取了一块烧红的木炭过来，撒了一些黄色的粉末在木炭上面。只见粉末开始燃烧起来，燃烧时的火焰呈蓝色，同时发出一股像硫黄火柴的味道，使人闻后感到窒息。

约尔得意地说："这样就可以证明这些粉末是什么了。只有硫黄燃烧时的火焰是蓝色的，并且会发出呛人的臭气。"

保罗叔叔说："是的，这是研磨得很细碎的硫黄末，也叫硫黄粉。现在，你们来看看这又是什么？"

说着，保罗叔叔解开了另一个纸包，里面是一撮金属粉末——这些粉末的表面发出金属样的闪光，让人一看就知道这是一种金属粉末。

爱弥儿说："这东西很可能是铁屑。"

约尔说："岂止是可能，它根本就是铁屑。保罗叔叔，这大概是你从锁匠铺拿来的吧？"

保罗叔叔说："约尔，你虽然猜对了，但不应该这样草率地下结论。我们研究任何问题，在下结论之前都需要经过仔细考察，否则很容易做出错误的判断。就像刚刚的判断，你其实并没有充分的理由能证明这种金属碎屑是铁屑。因为仅从外观上观察，铅屑、锡屑、银屑、铁屑并没有太大的差别，它们都是银灰色的，也都能发出金属光泽。你刚才之所以确定那撮黄色粉末是硫黄，是由于你用炽热的木炭燃烧证明了。但是，你们现在能不能找出证据，证明这些金属屑是铁屑呢？"

两个孩子相互看了看，却没有一点儿头绪。最后，保罗叔叔给了他们一个提示。他说："你们常玩的那块马蹄形磁铁在哪儿？想想看，磁铁能不能帮助我们解决眼前的问题？我常看见你们用磁铁来吸钉子、吸缝纫针，但是磁铁能吸起铅来吗？"

约尔说："磁铁吸不起铅来，它能够吸起一把很沉的刀，但是连一小块铅都吸不起来。"

"那磁铁能吸起锡吗？"

"也吸不起来。"

"银和铜呢？"

"也吸不起来——我想起来了，磁铁能吸铁，这就是我们要做的实验。好的，让我来试试。"

说着，约尔便两步并作一步，急忙跑上楼，从堆满玩具和书的架子上取下磁铁，又急忙地跑下楼。他把磁铁靠近那些金属粉末，只见磁铁两端各挂着一串像发光的胡须一样的东西。

约尔叫道："看，这些金属屑都被吸起来啦！我现在可以确定是铁屑了。"

保罗叔叔说："是的，这些的确是铁屑，是我从锁匠工作台上拿来的。现在，我们既然已经确定这两样东西是什么了，就来进行进一步的化学研究吧！一定要留心观察。"

分离混合物

说着，保罗叔叔把这两样东西一起倒在一张大纸上，然后把它们搅拌在一起。

他说："你们看看，这张纸上放着的是什么？"

约尔说："太简单了，是硫黄和铁屑混合在一起的东西。"

"没错，这种混合起来的东西叫混合物。现在，你们还能从这堆混合物中把硫黄和铁屑分辨出来吗？"

爱弥儿仔细观察纸上的东西，说："这也很简单，你看这些黄色的物质是硫黄，另外这些闪着金属光泽的物质是铁屑。"

"那么，你们能够把它们分离出来吗？"

"这有什么难的？只要花一点儿心力和时间就可以。我的视力很好，我可以用针把硫黄剔到一边，再把铁屑剔到另一边，这样它们就分开了。只是这件事情太烦琐，我恐怕没有足够的耐性。"

"是的，要把它们完全分开不是一件容易的事情，无论你有着怎样的耐性也不可能完成。然而它们确实是可以分开的。不过，这个小堆好像既看不见硫黄的黄色也看不见铁屑的金属色，只有黄与银灰互相掺杂的灰黄色——如果你没有过人的眼力和熟练的手指，肯定无法把它们分开。但是我知道一定还有其他方法可以分开它们。看看你们两个谁能想出来？"

约尔说："我想出来了！"他一边说，一边把磁铁的两端（或称两极）在混合物上来回移动。

爱弥儿说："等等，我也想出来了。刚刚叔叔已经提到磁铁了，所以想到了也不稀奇。"

保罗叔叔对爱弥儿说："只要能够找到解决问题的办法就很好。而如果能够立刻想出解决方法就更好了。但你也别着急，不久你就可以和约尔一争高下了。现在，我们来看看约尔的方法管不管用。"

约尔继续把磁铁放在铁屑和硫黄的混合物上移动，结果金属屑被磁铁吸引，就像刺毛般地聚集在磁铁上面，而把硫黄撒在了一边。

约尔得意地说："太棒了！如果这样反复吸，不到10分钟就可以把它们完全区分开。"

保罗叔叔说："好了，不用再吸了。你的方法确实很不错，既简单又有效。现在，让我们再把铁屑放回到硫黄里。你们使用磁铁来分开这两种物质虽然很便捷，但是磁铁并不是唾手可得的东西。你们能不能再想出一种方法把它们分开？这回就不能用磁铁了。其实有一个极好的方法，不需要用到什么特别的器械——你们想想看，这两种物质中哪一种比较重？"

两个少年化学家同声答道："铁重。"

"假设我们把铁放到水里，它会怎么样？"

"它会沉到水底。"

"那硫黄呢？——它会怎样？我说的是硫黄粉末，可不是块状的硫黄，因为块状的硫黄也会沉在水底。"

爱弥儿害怕又被哥哥占先，便抢着说："我知道！我知道！如果把这些混合物一起倒入水中，铁屑就会沉下去，而硫黄——嘿嘿——硫黄——"

保罗叔叔看见约尔好像要插嘴的样子，连忙阻止他："嗨，约尔，先让你弟弟把话说完。"

爱弥儿红了红脸接着说："硫黄会浮在水面上——也有可能会沉在水底，但不会像铁屑沉得那么快。"

保罗叔叔嘉许地说："爱弥儿，我刚刚不是说，你不久就可以和约尔一争高下了吗？看我说得没错吧？你说得很不错，你说话时之所以吞吞吐

吐是因为你对于硫黄的状态不十分确定。现在，我来做个实验给你看。"

于是，保罗叔叔盛了一大杯水，抓起一把混合物放到水里，同时用木条搅动液体，等到杯子中的水被搅动得十分浑浊时，他便停下动作，等待结果。没过多久，铁屑因为比较重而下沉到水底，硫黄粉却还不停地在水中兜圈子。然后，他把含有硫黄的混合液体倒在另一只杯子里，又等了一会儿，只见粉末依旧悬浮（即半沉半浮）在水中。此时，铁屑与硫黄已经被分开了，铁屑在第一只杯子里，而硫黄在第二只杯子里。

保罗叔叔说："你们看，这种方法的效果和刚刚使用磁铁的效果一样，而所需要的用具却更加简单。我们以后要做的也都是这类不需要特别用具就能操作的实验。好了，现在你们已经清楚，利用上面的方法，我们很容易就能把这两种混合物完全分离开来，不过我们现在不需要分离它们了。把我们方才所学得的总结一下，就是：由两种或两种以上的不同物质混合成了一种混合物，它们的混合是可以用各种简单的方法分开来的。放在你们面前的是一堆硫黄和铁屑的混合物，它们可以用磁铁、水，或费一点儿时间和耐性一粒粒地用手分离开来。而现在，我们需要进行更进一步的实验。"

人生第一个化学实验

说着，保罗叔叔把铁屑和硫黄的混合物放在一只脸盆里，并往里加了一点儿水，用手指把它们搅拌成糊状。然后，他找出一个无色广口的玻璃瓶，把糊状物倒入瓶中，接着将这个瓶子放到太阳光之下，让它获得一点儿热量。因为正值酷暑，所以依据保罗叔叔的预料，实验很快完成了。

他说："你们留心看，马上会有神奇的事情发生。"

两个孩子一眨不眨地盯着瓶子看，热切地希望他们人生第一个化学实验能够成功。这个玻璃瓶子里将要发生什么变化呢？他们等了将近15分钟的时间，只见瓶子里原本灰黄色的混合物渐渐转黑，最终颜色变得像煤烟一般，同时有一缕缕水蒸气伴着嘶嘶声从瓶口冒出，而且有少量黑色的物质被喷射出来。

保罗叔叔说："约尔，你拿着这个玻璃瓶子看，可千万别放手。"

约尔莫名其妙地跑过去把瓶子拿在手里。突然惊叫道："啊呀！好烫！好烫！"约尔险些没拿住玻璃瓶。他立刻把瓶子放在地上，将身子转向叔叔，好像不小心触摸到了灼热的铁块一般搓着手。接着，他说："叔叔，怎么会这么烫呢？烫得我简直连一秒钟都拿不住。要是这个瓶子曾经放在火上烧过，我还能想得到它很烫；可是这瓶子从没放在火上加热过呀，谁能想得到它会自己变得这么烫。"

爱弥儿听了这番话，也想自己去试试。他先用指尖碰了碰瓶子，然后勇敢地把它拿在手里，但是他刚刚拿到手里，也像约尔一样立刻放了下来。从他的面部表情看出，他也对这无缘无故就发热的瓶子感到惊奇迷惑。

他想："这混合物中只加了一些水，水不是燃料，所以不应该会发热，而太阳虽然很热，但是无论如何总不会使瓶子烫得用手都拿不住。这其中的道理，真是想不明白。"

我亲爱的读者们，请你记好，保罗叔叔的化学实验将带给你许多不可思议的事情。凡是研究化学的人都仿佛置身于一个崭新的世界当中，睁开眼睛所看见的，都是新奇的事物。但是，你可不能太过慌张，你需要仔细地观察，把所见的事物都记在心里。现在，虽然你可能觉得这些事物看起来神奇莫测，但等到将来，你就会渐渐明白其中的道理了。

观察实验结果的方法

接着，保罗叔叔说："我们已经知道，这个瓶子里的东西显然自己会发热，而且温度还很高，让你们的手都被烫痛了。至于我们刚刚所见到的其他现象，只能认为是使瓶子发热的某些变化的结果。我用来搅拌这些混合物的水已经变成了水蒸气，所以有白色的水雾从瓶口逸出，伴随这些逸出的水雾又有嗤嗤的声音，以及固体物质的轻微爆发。要是我刚才放进去更多的铁屑和硫黄——要是我的混合物不只是一两把，而有一升那么多甚至更多——那么，我们的实验结果一定还要使你们更为吃惊。现在，我要进行一个更加奇妙、有趣的实验。

"将适量的铁屑和硫黄的混合物放在一个大的地洞里，在上面浇些清水、堆些湿润的泥土，筑成一个小山丘。当这小丘爆发时，可以像火山一样，小山丘四周的地面会震动，堆起的泥土会裂开许多条缝隙，从这些缝隙中会喷射出缕缕的水蒸气，并发出嗤嗤的声音猛烈爆发，甚至有飞跃的火焰。这个实验被称为人造火山。但是我在这里需要补充一句，真正的火山，其起因和作用完全与这个不一样，不过此刻我们是不需说明二者之间的区别的。你们在空暇的时候，可以使用少量的铁屑和等量的硫黄做一个人造火山来玩。你们所筑的小山丘无论有多小都可以带来许多趣味。至少，它会裂开几条缝隙，射出一些热腾腾的水蒸气。"

爱弥儿和约尔听完后就决定等到空暇时，一定取些铁屑和硫黄粉进行一次人造火山实验。正当他们热烈地讨论着这个计划的时候，玻璃瓶里发生的反应已经渐渐减弱了，温度开始下降，用手摸着也不会觉得烫了。保罗叔叔拿起瓶子，把瓶子里的东西倒在一张纸上，只见那些东西像是煤烟一样的深黑色粉末。

他说："现在，你们仔细看一看，还能不能找到黄色的硫黄，哪怕只有一点点？"

两个孩子拿出一根针，仔细检查黑色物质，可是一粒硫黄粉末都没找到。他们问道："硫黄都到哪里去了？我们亲眼看见它被放进瓶子里，所以它就应该在这堆物质里。而且刚刚实验的时候，它也没有跑出瓶子，跑出瓶子的只是一些水蒸气啊！它一定还在里面，不过我们怎么找都找不到，不知道为什么。"

约尔接着说："我们找不到它是不是因为它已经变成黑色粉末了？现在，我们可以用火来试试，一定能够解决这个问题。"

约尔相信自己已经找到解决这个问题的办法，便跑到厨房拿了一些炽热的木炭，把一撮黑色的粉末撒在上面。但是，他把木炭吹得发红，等了好长时间，却没有看见硫黄燃烧的现象——蓝色火焰，接着他又撒了好几把黑色粉末，结果还是一样。他失望极了。

约尔大声地说："真是奇怪，硫黄明明在黑色粉末里，却燃烧不起来。"

爱弥儿说："而且连铁屑也不见了。黑色粉末黑乎乎的，一点儿都没有铁的金属光泽。让我们用磁铁再来试试看能不能把铁屑分离出来。"

说着，他就拿起磁铁在黑色粉末上面来回移动，但是结果却和之前一样，没有任何变化，在磁铁的两极也没有聚集像刺毛般的金属屑。

爱弥儿耐着性子来回移动磁铁一段时间，最终他失望地说："好奇怪！刚才我们明明看见里面有很多铁屑，但现在不知道为什么连一粒都没有了。要不是我刚才亲眼看着它们被放进去，我一定会说这里面没有铁屑呢。"

约尔表示同意："可不是嘛！要不是我刚才看见这东西是用硫黄和铁屑搅拌而成的，我一定也会说里面没有硫黄呢。但是，它们明明就应该在里面，现在却变得无影无踪了；这东西明明是用硫黄和铁屑搅拌而成的，现在却找不到一点儿硫黄和铁屑了，还真是不可思议。"

保罗叔叔让他们自己讨论，因为他认为观察是学习的重要方式，努力从观察中得到的结果比从别人那里听取来的印象更为深刻。最后，两个孩子还是想不出方法来拣出硫黄和铁屑，于是，他开始从旁指导两个孩子。

初识
化合反应

保罗叔叔说："现在，你们还想把这两种物质一粒粒地分离开吗？"

两个孩子回答："我们没有办法了，我们再也找不出其中有一点儿硫黄或铁屑的痕迹了。"

"用磁铁来试试呢？"

"磁铁也没有用，它什么都没有吸起来。"

"那么用水来试试看呢？"

约尔说："恐怕也没有用吧，因为这些黑色的粉末似乎只是一种东西，没有谁轻谁重的分别。但是让我们来试试也好。"

说着，他拿起一把黑色粉末撒到一杯清水里，搅拌之后，黑色粉末一起沉到了杯底，毫无分离的迹象。

保罗叔叔说："这样看来，用之前的方法已经不能把它们分离开了。而且，这些黑色粉末的外观和性质已经完全改变了，如果先前不知道它们是用什么东西来合成的，你们一定不会想到其中有哪些物质存在。"

孩子们说："是啊，谁能想到这东西是由铁屑和硫黄合成的呢？"

保罗叔叔接着说道："我刚刚说过，这些黑色粉末的外观已经改变了：硫黄本来是黄色的，铁屑本来是银灰色的，然而这两种物质结合之后，在外观上既观察不到黄色，也观察不到银灰色，而是变成了深黑色的。同样，它们的性质也改变了：硫黄本来容易燃烧，燃烧时火焰呈蓝色，放出使人窒息的带有臭味的气体，但是这些黑色粉末却不能燃烧；铁本来能被磁铁吸引，但是这些黑色粉末却不被磁铁吸引。所以我们可以断定这种粉末既不是硫黄也不是铁屑，而是另外一种性质截然不同的物质。

"我们应该把这种物质称为硫黄和铁屑的混合物吗？不能，因为我们无法用任何简单的方法鉴别出它的成分来，而且它的性质也与之前的两种物质并不相同。像这样的一种结合方式，比我们知道的所谓'混合'更为紧密，这在化学上称为'化合'。"

"混合"让物质的各个成分保留着原有的性质，"化合"却使各个成分失去原有的性质而表现出某种新物质的新的性质。

"当几种物质混合后，我们往往能够用简单的方法把它们分离开来。但是，当几种物质化合后，却绝不能够用某些简单的方法把它们分离开。因此，我们可以说，两种或两种以上的物质化合后，就不能再用拣选的方法把它们分离开了；换言之，就是它们原本特有的性质已经消失，而表现出某种新的性质了。

"你们还需要注意的是，化合所产生的新的物质的新性质并不是从参与化合的物质的本性中得来的。对于以前没有研究过这种新奇事情的人们，谁能想到黄色、易燃的硫黄，会成为黑色、不可燃的粉末呢？谁能想到具有金属光泽、可被磁铁吸引的铁，可以成为深黑色、毫无磁性的物质呢？对于这种事情若不是预先有一点儿知识，简直是不能判断的。你们以后可能时常会看见，化合会使物质发生根本的改变：把白的变成黑的，把黑的变成白的；把甜的变成苦的，把苦的变成甜的；把无毒的变成剧毒的，把剧毒的变成完全无毒的。以后遇到两种或两种以上的物质化合时，

你们需要好好地注意它们的结果。

"此外还有一点需要特别注意，在化合反应进行时，例如，我们的硫黄和铁屑的混合物，物质自身会发出高热，温度甚至高到用手拿不住。我想约尔一定会永远记着这种源于意外的高热所引起的兴趣。对于这一点，我得告诉你们，像这样的升温，在化合反应中并不少见，并不是硫黄与铁屑化合反应中的特殊现象。每当两种或两种以上的物质化合时，总要放热，不过所放出的热量有多少的不同：有时放热很少，必须用最精密的仪器才能观测到温度的变化；有时——这种情况最多——放热很多，手触摸会感觉到烫，甚至于有时可以达到炽热或白热，可以用眼睛观察到。"

凡是化合反应总是会放出一些热量；反之，凡是放热或发光的反应，几乎表示那里正发生着化合反应。

生活中的化合反应

约尔插口道："保罗叔叔，我想问你一件事情，我们在煤炉中烧煤，是不是那里也有不同的物质在发生化合反应？"

"当然。"

"那么，其中的一种物质一定是煤了？"

"没错，是煤。"

"那么，另外一种是什么呢？"

"还有一种存在于空气中的物质，它是一种看不见但却真实存在着的物质，关于这种物质，我们在将来适当的时候会讲到。"

"在厨灶中发光、放热而燃烧着的柴火呢？"

"那里也发生着化合反应，一种物质是柴火，另外一种也是存在于空气中的物质。"

"用于照亮的油灯和蜡烛呢？"

"那里也发生着化合反应。"

"那么，我们每次点火，就每次都促使一种化合反应发生吗？"

"对啊，是你促使两种不同的物质发生化合反应了。"

"真有趣，化合反应！"

"不但有趣，而且也非常有用处。就是因为它有用处，我才把它怎样使物质发生奇异变化的情况讲给你们听。"

"你能不能把这些奇异的事情都告诉我们呢？"

"只要你们用心，我会把我所知道的奇异的事情都讲给你们听。"

"哦，这个你不用担心。我们会牢牢记在心里，不会忽略一个字的。与其要我学习多位数的除法或是动词的活用，我宁可学这种功课呢。爱弥儿，你说是不是这样？"

爱弥儿点点头说："可不是嘛！我愿意整天学习这种功课，我总有一天要抛开那些文法功课，去做一个人造火山来玩的。"

保罗叔叔劝他们说："如果你们要我讲化学，就不要因为你们对于化学的兴趣而忽略了文法。化学固然有用，但是语言的用处也不小啊！动词的活用虽然似乎很难，但是你们可不能忽略了它。现在，我们再来谈谈化合反应这个题目。

"如之前所说的，化合反应常常伴随着放热或发光、爆发、炸裂、光芒的射出、火花的飞溅——总之，凡是像爆竹一样的现象——等等，都是两种物质化合时常有的事。在化合时，那两种物质都结合得十分紧密，我们甚至可以说，它们结婚了。热和光是祝贺它们结婚的爆竹与灯彩。你们不要笑话我这种比喻，这比喻其实是很贴切的。化合反应真的像是结婚一样：它把两个物质合为了一个物质。

"现在，我不得不告诉你们，硫黄和铁屑'结婚'后所变成的东西是

什么。我们不能称它为硫黄,因为它不再是硫黄了;我们也不能称它为铁屑,因为它也不再是铁屑了。我们同样也不能称它为硫黄和铁屑的混合物,因为它起初虽然是混合物,但后来已经不再是混合物了。这东西在化学上称为 **硫化亚铁（FeS）**,这个名词使我们想起这两种物质是受了化学婚姻的约束而结合起来的。"

> 铁元素是变价元素,常见价态为0、+2及+3价,当硫单质与铁单质化合时,由于硫单质的得电子能力,即氧化性较弱,并不会氧化0价的铁单质至其最高价,因此,只得到硫化亚铁,即+2价铁的硫化物。原著在此处有错误,后文均已改正。

Chapter 2
一片烤面包片

什么是物质分离

孩子们成功完成了人造火山的实验，那个用湿泥堆成的小山丘，散发着高热，裂开了缝隙，嗤嗤地放出一缕缕的水蒸气。他们自己用种种方法来检验地洞中残余的硫化亚铁，而检验结果表明，他们和叔叔所制成的是同一种物质。直到这时，保罗叔叔才参与进去。

他说："现在残留在人造火山中的黑色粉末是含有铁屑和硫黄的。不用怀疑这个事实，因为这是你们亲眼所见，并且亲自动手制成这个物质的。不过，一个新的问题又来了：这些化合了的铁屑和硫黄还能各自回到它们原来的样子吗？这样说吧，任何事情都是有可能的，但绝不是简简单单便可以做到。就这件事而言，我们必须运用科学的方法才能分离由化合反应形成的物质，这属于化学的范畴。你们现在还没有充足的化学知识，所以我不想先演示那些方法。而且，分离或不分离这个物质对我们现阶段的学习并没有什么影响。这些黑色粉末既然确实含有这两种物质，那么只要选用适当的方法，就一定可以从中分离得到这两种物质，你们先好好地记住这点就行了。"

约尔赞同地说："没错，用恰当的方法分离这种由铁屑和硫黄制成的物质，一定可以得到铁屑和硫黄。这就和从铁屑中可以取出铁来，从硫黄粉中可取出硫黄来是一样的道理。"

保罗叔叔说："其实分离出这两种物质的过程并不复杂，只是实验所需要的药品你们都没有见过而已。现在真的做起实验来，你们反而会莫名其妙。要想获得实在的、永久的知识，有一个秘诀就是把实验的范围控制得尽可能小，这样才能保证观察得更仔细。

　　"而我还要告诉你们的是，要把化合而成的物质进行分离，也并不一定都很容易。一旦这种化学的'结婚'出现发光和发热现象，则表明物质彼此之间结合得非常牢固，只有使用科学的方法才能把它们分开。"

　　事实上，结合越容易，分离越困难。如果化合反应的进行是自发的，那分离起来就更加困难了。

　　"我们看到的铁屑与硫黄的化合反应，时间短而又不需借助任何外力，因此必须用巧妙的科学方法才能分离开它们。

　　"当然，也有与上述例子截然相反的，即化合起来极为困难，但分离却很容易，可以说分离反应几乎是毫无阻力的。有这么几种物质，只要受到高热、震动、摩擦、撞击，甚至仅仅是被吹一口气，就会从化合物中分离出来。这就仿佛是化学中'婚姻'双方性格不合，只想尽快'离婚'。"

　　爱弥儿问道："物质分离真的这么容易吗？"

　　"当然了，只要留心，生活中常常能发现这种事情。你有没有注意过，擦火柴时，火柴头会比火柴梗燃烧得更猛烈呢？"

　　"我平时并没有特别留意过，但是你一说，想想还真是这么回事。记得在一个炎热的夜晚，我曾摸黑找到了一个装满红头火柴的火柴盒，就在我推动盒盖，想从里面取出一根火柴擦个火时，那盒火柴因为盒盖的摩擦，全都着起火来，当时火焰猛烈得把我的手都灼伤了，可当火柴头都烧完后，剩下的火柴梗却一吹就灭了。不知道这是不是和物质的分离有关？"

　　"嗯，当然有关系！无论哪种类型的火柴，它的火柴头里都含有易燃物质和助燃物质。其中的助燃物质是不同的成分在化合反应下形成的，而它们受热就会分离，从而有助燃烧，让火焰更旺。由此可见，在这样的情

21

况下，物质的分离是多么容易啊。

"炸药是一种更加容易分离的物质，利用它的这种特性，能轻松引起枪弹中雷管的爆发：只要扣动扳机，小铁锤就会打在雷管上，雷管爆发后燃烧，会点着弹壳中的火药，将铅丸发射出去。这种雷管的构造，通常是在铜片底下附着一层很薄的白色物质，而这种白色物质就是化合而成的炸药。只需极轻微的撞击，炸药就会发生分离反应并四射开来。"

面包与木炭

保罗叔叔接着说："除了这些带有危险性的物质，我们也来说说普通无害的物质吧。想一想，一片面包中可能含有什么物质？"

爱弥儿急忙抢答："面包中含有——嗯——含有面粉！"他觉得这个答案很清晰。

保罗叔叔点点头说："没错，那面粉中又含有什么物质呢？"

"面粉中含有的物质？面粉中除了面粉外难道还有别的物质吗？"

"如果我说面粉中还含有碳，也就是木炭，你们会相信吗？"

"什么？面粉中会含有木炭？"

"是的，孩子们，面粉中确实含有许多木炭。"

"叔叔，你不是在说笑吧？木炭是不能吃的！"

"哈哈，别不相信我说的话。我之前不是说过，化合反应可以把黑的变成白的，酸的变成甜的，有毒的变成无毒的吗？我可以给你们看看面包中含有木炭的证据。其实这样的证据并不稀奇，你们在平时的生活中一定已经见过了。试着回想一下：吃面包的时候，你们有没有把面包烘烤过呢？"

"有的，烘烤过的面包吃起来口感会更松脆。"

"设想一下，如果你们忘了正在烘烤着一片面包，而让它一直烤着呢？时间长了会怎么样？你们可以根据以往的经验来回答这个问题，完全由你们自己解决，我不会发表任何意见。告诉我，如果你们的面包被烘烤了一个小时会变成什么样呢？"

"答案很简单，我见过很多次，面包会被烤焦成木炭的。"

"那么，谁能告诉我，这些木炭是从哪儿来的呢？——是从烤炉中来的吗？"

"肯定不是的！"

"那是从面包本身来的喽？"

"对！我想这些木炭一定来自面包本身！"

"如果一种物质中原本没有某种成分，它是绝对不可能凭空产生出这种成分的。所以，面包烘烤久了会产生木炭，一定是因为面包原本就含有木炭，也就是碳。"

"啊，原来是这样的！我居然没有想到。"

"这只是许多常见物质中的一例，因为一直没有人特别提出来，所以一开始你们也并不在意。以后我会尽量从日常生活中挖掘出它们，让你们从中领悟一些重要的科学原理。现在，你们已经知道了面包里含有很多的碳。"

约尔说："我承认面包里的确含有碳。证据摆在眼前，无法否认。我的问题是，就像爱弥儿所说的，木炭不能吃，面包却能吃；木炭是黑的，而面包却是白的，这是为什么呢？"

保罗叔叔答道："毫无疑问，单独存在的木炭或者碳，是黑的不能吃的物质。可是，面包中的木炭并不是单独存在的，在与别的物质产生了化合反应后，它失去了原本的性质，就像硫化亚铁不再有硫黄和铁屑的性质一样。而在烤焦了的面包中，所有其他物质的性质都被烘烤所释放的大量的热赶走了，只剩下木炭及木炭的特性——颜色深黑，质地松脆，味道浓烈。烤炉中的热破坏了化合作用，把面包中已经结合的物质分离了出来，

这就是面包烤久了会变成木炭的原因。接下来，让我们再思考一下，还有哪些物质会伴随着碳在面包中存在吧。其实，你们知道并看见过这些物质，而且在它们加热后从面包中被赶出来的时候，你们还曾闻到过它们那难闻的气味。"

约尔说："我不太确定，你说的是当面包变成木炭时所散发的那种带着特殊气味的烟雾吗？"

"是的，就是那种烟雾，它是从面包中分离出来的。如果把木炭和烟雾再次化合，还是会形成和未受热之前的面包一样的物质。在这里，热是分离的主要动力，它把面包中的某种成分赶了出去，只留下被称为木炭的不能吃的黑色物质。"

"只有这种烟雾与木炭结合才能成功化合为面包吗？要知道，这两种物质分离开时都是不能吃的东西，化合后就变成可以吃的了吗？"

"正是如此：原本不能吃的，甚至是有害的物质，通过化合反应，能变成美味的食品。"

"保罗叔叔，我当然相信你所说的话，但是——可是——"

"我明白你的顾虑，第一次听到这种事的时候我们的确很难完全相信，因为这和我们固有的知识概念太矛盾了。所以，我没有让你们片面地相信我所说的话，你们可以自己去想办法证实这些话。其实，我一开始就以简单明了的实验为依据来证明这种看似离谱的事情了。想一想我们之前在广口玻璃瓶里所生成的黑色物质吧，既然硫黄和铁屑都能改变，那么木炭和烟雾的结合会使它们失掉原有的性质而变成面包，也就不足为怪了。"

"是的，叔叔，我们相信你的话。"

"有些情况下相信我的话并没有什么坏处，比如，当某个现象的解释极为深奥难懂，即使做出详细解释，你们也不一定能完全理解的时候。不过，大多数时候我会尽量避免直接灌输，而鼓励你们自己去发现、观察和判断。关于面包受热而分离出的成分，我指出了木炭，并且提醒了你们注意某种具有特别气味的烟雾。现在，你们做出自己的推论了吗？"

"面包中含有化合了的木炭和烟雾，这一点是十分确定的。"

"是的，虽然结论看似不合常理，但事实我们必须接受。既然事实证明面包可以受热分离成木炭和某种气体，那就让我们认清这个真相，并牢记于心。"

约尔说："我还有一个问题没太弄明白，你说面包受热分离为木炭和某种气体，如果再发生化合反应又能形成和以前一样的面包。难道火没有把面包毁坏吗？"

"那要看你如何理解'毁坏'的含义了。如果你认为面包受热分解后不再是面包，这的确没错：因为木炭和气体都不能算是面包，而只是组成面包的成分；但如果你认为面包受热分解就化为乌有，那就大错特错了：

因为没有任何力量或方法可以使存在于世界上的物质完全消失。

"我所说的毁坏，就是指你说的后一层意思——化为乌有，完全消失。因为大家都认为火是破坏一切、消灭一切的。"

在宇宙中，即使是最小的一粒尘埃、最细的一线蛛丝都不会因任何外力作用而消失，它们只会转变形态而继续存在。

不是消失，而是转变形态

"这是个很重要的问题，你们一定要认真思考。举个例子，如果我们

想建造一栋大厦，在建造时，工人们需要把诸如砖头、瓦片、石块、三合土、房梁、木板、水泥等建筑材料一一安置到位。大厦建成，高高耸立，似乎坚不可摧。但这样的大厦真的无法被毁坏吗？事实上，毁坏起来也是很容易的。只要让几个工人拿上锄镐、铁锤等工具，很快就能把它拆成一堆砖木瓦砾。可以说，这时大厦已经被完全毁坏了。

"但这是否意味着它被完全消灭、化为乌有了呢？答案是否定的。大厦虽然被毁坏，可是拆下来的建筑材料依然存在。所以，它没有被消灭，而曾用来建造大厦的材料也没有化为乌有，就连混杂在三合土中的细沙粒，也一定在什么地方存在着。拆除大厦的时候，有些泥灰被风吹散，但无论这些细小的泥灰被吹向何处，也还是在这世界上的存在。就大厦的全部组成来看，既没有减少，也没有消失。

"火是破坏者，但也只是破坏者而已。火能毁坏由各种材料组成的大厦，却不能把材料消灭，哪怕是其中最不起眼的东西也消灭不了。用火烘烤面包，火同样起破坏作用，但不会有物质因此消失，因为即使面包经过了火的作用，剩下的物质和面包本来含有的物质还是相同的。面包变成了木炭和烟雾，木炭是能独立存在的固体，所以我们能看见；而烟雾容易飘散，不久便看不见了。所以，'消灭'这个概念应该从你们头脑中剔除。"

"可是——"

"'可是？'——约尔还有什么疑问吗？"

"如果在火上烧木头，最后只留下灰烬，可不可以认为木头几乎被火消灭了？"

"这个问题很好，说明你观察得很仔细。我刚刚说过，拆房子时有一些泥灰会随风飘散。如果我们把拆下来的材料全捣碎成像泥灰这样的粉末，那刮过几次大风以后，这些粉末还能剩下吗？"

"应该吹得一点儿也不剩了吧。"

"那么，我们可不可说房子被消灭了呢？"

"不可以，它只是变成尘埃四散开了。"

"其实，木头的问题也是同样的道理：火把木头分离成了组成它的某些成分，这些成分有的甚至比最细微的尘埃还小，它们飘散在空气中，人的眼睛看不见。我们只看见了灰烬，因此以为组成木头的其他物质被完全消灭了，这是不对的。它仍然存在，只是因为和空气一样无色透明，肉眼看不出来而已。"

"所以，在炉火中烧过的木头，大部分变成了分散在空气中的一种不可见的尘埃？"

"是的，孩子们。还有很多发光放热的燃料也是这样。"

"我知道了。按这种说法，木头燃烧后的大部分物质，就像拆除房屋时被风吹散的泥灰一样，不容易被看见。"

"不仅如此，拆除一栋大厦所得到的材料，还可以用来在别处建造其他样子的房屋。这样，一堆砖石木材又能变成另一栋完整的建筑。更进一步说，这些材料也可以用来组成别的东西，除了造房子，石块、木头、砖瓦都有不止一种用途。所以，这些拆下来的材料，可以根据其不同的形状和特性，变成用途各异的种种东西。

"世界上物质的变化情况基本都是这样。比如，有两种或两种以上性质不同的物质，当它们化合在一起时，形成了一种有着新性质的东西，我们可以将其比作一种建筑物。这种建筑物和任何组成它的物质都不同，正如我们建造成的大厦，不能说它是木石砖瓦，也不能说是组成这建筑物的任何一种材料。

"后来，这种化合的物质因为某种原因又分离了，它的化学结构被破坏了。但分离出的物质依然存在，一点儿也没有损失。大自然会如何处理它们呢？这些物质可能会被分别利用，一些拿来作这种用途，另一些拿去作那种用途，于是又形成了各种各样与原有物质差别很大的东西。能和别的物质结合成一种白色物质的成分，也许原本会让某物质变黑；能和别的物质结合成一种甜味物质的成分，也许原本存在于酸味物质中；甚至组成某些食品的成分，也许原本与别的物质结合成的是毒物——就像本是建造水渠的砖头，也能用来建造烟囱。"

一切物质都是守恒的。

"有时从表面上看，好像很多物质都会消失，这是因为我们没有仔细观察。只要留心观察并认真思考，就能理解物质是不灭的、长存的道理。它们之间发生各种化合反应，不断地化合了又分离，分离了又化合，有些甚至时时刻刻都在改变，就这样反复变化，永不停歇。就整个宇宙而言，这种形式的转变并未带来损失，也没有增加什么。"

Chapter 3
单 质

物质由单质组成

"现在，让我们再深入了解一下那黑色的粉末——硫化亚铁吧。用一种比普通的拣选法更为复杂的方法，可以把硫化亚铁分解成单独的铁和硫黄。而面包被火烘烤后，其主要成分碳也能从中分离出来。那么，铁、硫、碳又是由什么成分组成的呢？对于这个问题的研究，科学家们曾费了许多心力，设计了各种需要精密仪器的实验，但无论怎样尝试，铁、硫、碳永远是铁、硫、碳，并不会分离出什么新的物质。"

约尔反对说："可是，我觉得硫黄能分离出新的物质。如果取一些硫黄来放在火上，它燃烧的火焰是蓝色的，还会产生刺鼻的气体。这种气体应该是从硫黄中分离出来的，但它的性质与硫黄完全不同，它有些呛人，而硫黄即使离人很近的时候也没有呛人的气味。"

"这是另一种情况。我说硫黄不会产生出什么新的物质，是说它不会分解出别的物质，而并不是说它不能和别的物质进行化合。事实上，它和别的物质相互化合，不但能产生呛人的气体，还能产生许多别的东西，最明显的例子就是我们所熟知的硫化亚铁。物质在燃烧时，会和周围的空气中的另一种看不见的物质相互化合。硫黄燃烧发出蓝色火焰，表明它在和空气中的物质进行化合作用，化合的结果产生了呛人的气体。"

"这种气体的组成比硫黄更复杂吗？"

"是的。"

"那这种气体一定是由两种物质组成的，一种是硫黄，还有一种就是你所说的包含在空气中的物质，而硫黄则只有硫这一种成分。"

"没错。无论用什么实验方法，硫黄也不会分解成不同的物质。硫黄可以和别的物质结合成比自身更为复杂的物质，但是它绝不能分解成比自身更简单的物质。因此，我们称硫黄为'单质'，意思是它已经分解到不能再分解了。而像水、空气、一个石卵、一截木头、一株植物、一只动物之类——这些都是物质，但它们都不是单质，还可以再分解。"

"与硫黄一样，碳和铁也是单质。"

什么是单质

单质除了能和别的物质化合成更复杂的物质外，不能再分解为任何更简单的物质了。

"化学家把自然界中的一切物质，无论是在地上、地下、水底还是天空中的，无论属于动物、植物还是矿物，都逐一加以精确地实验和分析，最终发现了 九十几种不可分解的元素 ，我们刚刚说到的铁、硫和碳，都包含在其中。"

本书写于20世纪初期，当时对化学元素的认识还比较有限。到现在，科学家们已发现了118种天然元素和人造元素。

爱弥儿问："那么，你会把所有的单质都告诉我们吗？"

"不会，我们只讨论其中比较重要的几种单质，因为大部分的单质都与我们的日常生活关系不大。而且，除了铁、硫、碳之外，你们其实已经知道了很多其他单质。"

爱弥儿惊讶地说："我也知道其他的单质吗？我从来没往这方面想过呢。"

"你知道的，只是在此之前你可能还不知道它们是不能分解的单质。事实上，你们脑子里存储的知识远超你们的想象。所以，我想我需要帮你们理一理脑海中杂乱的知识。我会尽量避免直接灌输，而让你们自己去想起那些已经知道的东西。不过我可以给你们一个提示：那些我们通常称为金属的物质，大部分都是单质。"

"我明白了，那像金、银、铜、锡、铅等，和铁一样都是单质吧。"

"还有一种极为常见的金属你没有说呢。想想看，印刷时所用的图版往往是用它制成的。"

"印刷时所用的图版？——是锌吗？"

"是的，除了刚才提到的之外，还有许多别的金属，它们之中有些性质很奇特，都有着不一般的用途。以后有机会，我再和你们一起讨论。现在，我们可以先来说说一种金属，它是液态的，像是熔化了的锡，颜色和银一样，通常装在温度计的玻璃管里，随环境温度的变化而升降。"

"我知道，是水银！"

"不错。不过它的学名应该叫汞（Hg）。水银这个名字很容易让人误解，它的颜色虽然与银相似，但它的性质却与银完全不同。"

"这么说，水银也和金、银、铜、铁等一样，是一种金属了？"

"是的，它和别的金属相比，只有一点不同：即使在寒冷的冬季，只要温度正常，就足以使水银保持液态。然而，要熔化铅必须用高热的炭火；要熔化铜或铁，就得用最热的炉火。不过，如果将水银冷却到一定温度，它也会变硬，看上去就和银一样。"

"那它可以用来做货币吗？"

"理论上是可以的，只是这种货币一放进口袋，就立刻熔化了。

"金属的颜色差别不大：银和水银是银白色的，锡次之，铅再次；金是金黄色的，铜是红铜色的，铁和锌则是灰白色的。所有金属都有着耀眼的光彩，尤其是当它们被擦亮的时候。换句话说，它们都自带一种金属光泽。不过需要注意的是，金属都有光泽，但有光泽的并不一定都是金属。例如，一些昆虫的翅鞘，还有某些石头，它们也有金属一样的光泽，但并不是金属。

"其他的单质，如硫和碳，都是没有金属光泽的；还有几种非常重要的单质，它们和空气一样无色透明。这种外观明显不同于金属的单质，叫非金属单质。碳和硫都是非金属单质。非金属单质的数目并不多，一共才22种，它们之中有几种单质，在平常生活中很少听到，不被人熟知，但它们在化学上却有着举足轻重的地位，我们四周的一切东西，绝大部分都是以非金属单质为主要原料构成的。自然界的物质需要非金属，就像建筑物需要砖石水泥一样。在这些重要的非金属单质中，有一种气体叫氧气（Oxygen）——如果没有它，我们会立刻死亡，但恐怕你们没有听说过它吧？"

爱弥儿叫道："这真是个奇怪的名字！我从来没听说过。"

"还有两种叫氢气（Hydrogen）和氮气（Nitrogen）的气体，你们听说过吗？"

"这两种也没有听说过呢。"

"我早料到了。氢和氮都是很有用的非金属，它们悄悄地完成着属于它们的任务，而并不被人们注意。

"刚刚说到的氧、氢、氮这3种物质，虽然都很有用，但是日常生活中并不被经常提起，因为它们都和空气一样，是无色透明的气体。而且，它们往往隐藏在某些化合物中，需要借助一些科学方法才能确定它们的存在。所以，更多时候，我们都忽视了这些在大自然中扮演着重要角色的物质。"

"它们很重要吗？"

"是的，非常重要呢。"

"比黄金还重要吗？"

"不能这么比较。黄金对人类而言当然是极为有用的，它代表着劳动力或物品的价值，可以被铸造成货币在社会中流通，作为劳动力和物品

交换的媒介。不过，假使地球上所有的黄金都消失了呢？其实，也并不会造成很严重的问题。以黄金作为货币的国家，银行业和商业可能会有一时的混乱，但也仅仅如此而已。过不了多久，一切都会渐渐恢复正常。可是，如果刚刚提到的3种非金属中的任何一种——比如氧——全部消失了呢？那时，地球上的一切生物都会立即死亡。地球上没有了生命，只会剩下一片死寂。这种情况与银行家、商人的烦恼相比，当然要严重得多。

"所以，对人类而言，即使完全没有了黄金，自然界的秩序也不会受到影响；而氧、氢、氮却有着非常重要的作用，无论缺少了其中哪一种，都足以使自然界失去常态，让生物无法生存。除了以上三者，还有碳也同样重要。所以，生物生存不可或缺的物质共有4种。"

约尔问道："叔叔能给我们讲讲氧、氢、氮这3种物质的性质吗？"

"当然可以了。不过为了让单质这个概念更清晰，这里让我先介绍一下另一种非金属物质。红头火柴的火柴头上含有这种物质，上面覆盖着一层蜡，一经摩擦就会燃烧。如果你在暗室中单独摩擦它，会看到它放出淡淡的光。"

"那一定是磷。"

"没错，是磷，磷也是一种非金属。现在，让我们把以前所说的知识回顾一下吧。"

●自然界中的单质，简单以外观区分，可分为金属和非金属两类。

●金属具有金属光泽，你们已经知道的有金（Au）、银（Ag）、铜（Cu）、铁（Fe）、锡（Sn）、铅（Pb）、锌（Zn）、汞（Hg）8种，还有几种金属也有必要知道，有机会我会再说。

●非金属的数目则要少得多，它们都没有所谓的金属光泽，最重要的非金属是氧（Oxygen）、氢（Hydrogen）、氮（Nitrogen）、碳（Carbon）、硫（Sulfur）、磷（Phosphorus）6种，前三者和空气一样是无色透明的气体。

什么是元素

　　"无论是金属还是非金属单质，都称为'元素'。"

　　所谓元素，就是在自然界中构成其他各种物质的不可分解的原始物质。

　　约尔插嘴说："但是，保罗叔叔，我在一本书上见过，说是自然界的元素只有土、空气、火、水4种。"

　　"那是古时候人们的错误理解。的确，古时候的人们相信土、空气、火、水是4种不可再分的物质，一切其他物质都是由这4种物质组成的。但是，随着科学的进步，现在看来这4种物质中没有一种是单质。

　　"首先，火——有时也可以说是热——并不完全是一种实体物质，因此我们不能认为它是单质。物质是可以被衡量的，我们可以说1立方米的氧气，1千克的硫黄，但如果我们说1立方米的热，1千克的暖，那就不符合逻辑了，这就像用秤来称量小提琴拉出的音调一样可笑。"

　　约尔笑着说："1千克F调高半音，1克E调低半音，想想真是有趣，哈哈哈！"

　　"为什么不能用秤来称量音调呢？因为音调不是物质，而只是由发声体发出的连续音波传递到我们耳中的一种运动。热和声音相似，也是一种

特别的形式。这是个有趣的论题，想要更为详细地解释它，需要涉及物理知识。现在，我只能简单地说，热不是元素，因为它不是物质。

"至于空气，它是另一种物质。空气是可以衡量的，也许你们之前并没有听过，学了物理学后你们会更加清楚。然而，空气是物质却不是单质，它是由好几种气体集合成的混合物，其中最多的是氮气和氧气。关于这一点，我以后可以用实验来证明给你们看。

"水同样也不是一种单质。等到适当的时候，我会向你们证明水是由氧和氢组成的化合物。

"还有土，这个名词显然是指组成地球固体部分的各种矿物质集成的混合物，如砂、泥、岩石等，所以它也不是一种单质，而是含有各种物质的混合物。从土中我们可以得到几乎所有的金属与各种非金属。事实上，土中几乎含有所有单质。所以，以现代的科学眼光来看，古时候人们所说的4种基本元素，没有一种可以算单质。"

Chapter 4
化合物

无处不在的碳元素

"工人只用砖石水泥等材料，就可以随意建造出住宅、桥梁、工厂、寺庙等一切建筑。这些建筑的组成材料相同，但形式和用途各异。同样，自然界中的元素组成了动物、植物、矿物界中的所有物质。因此，任何原本不是单质的物质，其实都可以分解为金属单质，或非金属单质，或金属与非金属单质的化合物。"

"所以一切物质都是由这些单质组合而成的？"

"是的，除了那些本身就是单质的物质外。想想最常见的元素，比如碳。我曾经说过，碳是组成面包的重要成分，而烧焦了的木柴中也可以看到碳，即木头中也含有碳。面包中的碳与木头中的碳原本是同样的物质，在自然界中经过反复化合作用后，面包中的碳可以再出现在木柴中，木柴中的碳也可以再出现在面包中。"

爱弥儿开玩笑地说："那照这么说，我们吃一片面包，其实是在吃一片可能变成硬木头的东西了？"

保罗叔叔说："很有可能啊。有时玩笑的话中也包含着真理，让我们想想这其中的原因吧。"

"保罗叔叔，我不想再说什么了，光是单质就已经让我晕头转向了。"

"别怕，你能克服的。就像强烈的阳光会使人炫目一样，接触真理之光也许会使你暂时感到困惑，但只要我们继续研究下去，一切都会渐渐清晰。你们再想一想，栗子、苹果、梨等果实中有没有碳的存在呢？"

约尔说："有的，如果把栗子在锅中翻炒太久就会炒焦。同样，把梨或苹果放在火炉上也会被烤焦。"

"不错！这些焦了的栗子、苹果或梨，和木柴、面包中的碳成分相同，所以我们的确会吃可能变成木头的物质。对于这个问题，你们还有疑问吗？"

爱弥儿回答道："我懂了，没有疑问了。"

"你们还可以知道得更多一些：如果点着一盏煤油灯，然后把一块玻璃置于火焰上方，玻璃上会立刻聚集一层黑色的物质。"

"我知道，那是烟炱，我就是这样将玻璃熏黑了，隔着它来观察日食的。"

"那你知道烟炱是什么物质吗？"

"它有点儿像木炭的灰。"

"它其实就是木炭，或者说碳。那你们知道它是从哪儿来的吗？"

"我想它是从油灯中的煤油里来的。"

"没错，它就是从煤油里来的。煤油受热分解，于是分离出了碳。事实上，像椰子油、棕榈油、牛脂油、羊脂油中都含有碳，蜡烛燃烧时也和煤油灯一样会产生烟炱，还有树脂中也含有碳，燃烧时也会产生黑色的浓烟。还有很多这样的物质，我在这里无法一一列举。不过，最后我还要提一提大家经常吃的肉类，如果厨师不小心把肉煮得太久，会发生什么事呢？"

爱弥儿大声说："肉会变成木炭。"

保罗叔叔又问："你们能由此推论出什么呢？"

"我想，肉类中也含有碳，任何地方都含有碳。"

"任何地方都含有碳的说法是不准确的。我们只能说含碳的物质很多，尤其是动植物，它们被火分解后，会把碳留在灰中。"

"一张白纸烧着后会变黑，所以纸中也有碳？"

"是的。纸是用破布做成的，而破布则是用棉、麻或毛织成的。"

约尔问："比纸更白的牛奶是不是也含有碳？煮牛奶的时候，我看见有时在锅边的牛奶泡沫会变成黑色。"

"不错，牛奶中也含有碳。好了，现在，我们来让爱弥儿说说他最近

读的那则寓言吧。"

"哪则寓言？"

"有关雕刻师和丘比特石像的那一则。"

"哦，我知道了。"

　　　　有一个雕刻师见到一块很好看的云石，心中欢喜，便买了下来。他盘算着，是把云石做成神像、几案还是石盘好呢？最后，他决定把云石雕成神像，因为神像庄严肃穆……

爱弥儿说到这里，保罗叔叔发话了："够了。这则寓言告诉我们，要把一块云石做成什么，本来有很多种选择，而这位雕刻师最后选择把它做成一个神像。自然界中的万物生成也是一样，比如，土壤中含有植物所需要的碳，如果我们要在泥土里面种植物，我们可以种萝卜、麦子，也可以种玫瑰。如果我们决定种一株玫瑰，那土壤中的碳就供给了玫瑰，变成了玫瑰花的一部分；如果我们不种玫瑰，而种了萝卜或麦子，那么这些碳也就变成了萝卜或麦子的一部分。"

爱弥儿问："那玫瑰花中除了碳，是不是还有别的物质呢？"

"当然，碳还需要与别的单质化合才能变成玫瑰花，否则碳还是碳。其他含碳的物质也是这样形成的。"

约尔概括说："这样说来，在面包、牛奶、牛脂、羊脂、煤油、果实、花、棉、麻、纸以及许多别的东西中，都含有碳和其他各种单质。这些单质无论在花里、蜡烛里、纸里还是木头里，它们的性质都不会改变，永远是金属或非金属。不过，我们的身体也是由这些物质组成的吗？"

身体中的铁元素

"要说到组成人体的成分，其实和组成其他物质一样，同样是金属与非金属单质。"

爱弥儿诧异地说："什么！我们的身体也是金属组成的？像矿藏一样吗？我不信，我们又不像卖艺人那样会吞铁球！"

"但我们的身体中确实含有铁元素——就和卖艺人吞的铁球一样。我们的身体中不能没有铁，离开它我们就无法生存了。铁使我们的血液变成红色。"

"就算是铁让我们的血液变成红色，我们也并不能把铁当作食物。卖艺人也只是玩把戏，实际上他并没有吃铁。那铁是怎样进到我们身体里的呢？"

"铁是从食物中来的，和我们身体所需要的碳、硫以及其他元素一样。别的物质，比如碳，会与其他元素化合而改变存在形式，铁也同样可以。医生会让面色苍白、营养不良的人吃含有铁元素的药，这虽然不是在吞铁球，但其实也是在吃铁呢。"

爱弥儿说："我现在相信了，请你再给我们讲讲别的知识吧。"

"我还没有说完。人的身体不是矿藏，人体所需的金属除了铁，还有其他几种，但也只限于几种。像金、银、锡、铅、汞这几种金属都不是人体与动植物所需的，而且铅和汞是有毒的，人体中含有过量的铅或汞会致死。而人体中只需含有极微量的铁，血液的颜色就足以变红，并具有其他特性——事实上，就算是一头牛，它的血液中所含的铁也不够做成一只钉子。再说，要把血液里的铁提炼成一只钉子，费时费力，如果真的实现了，那这只铁钉的价值将无比昂贵。"

41

无限的化合物

"现在，你们已经明白了单质能以种种方式化合，从而产生许多性质各异的其他物质，这种物质称为'化合物'，因为它是由两种或两种以上的元素组成的。水是一种化合物，麦粉、木材、纸、煤油、松脂等也是化合物。水由氢和氧组成，关于氢和氧的性质我们稍后就会说到，而其余的几种化合物除了含有氢和氧，还含有大量的碳。

"可以说，化合物的数目是无限的。但这许许多多的化合物都是由若干种元素组合而成。有些用处很小的元素，即使没有它们，对自然界物质的总数也不会产生很大影响，黄金便是这种次要元素之一。严格来说，自然界中的大部分物质都是由十几种元素组成的。"

约尔追问道："不过我仍有一个疑问：既然自然界中物质的总数是无限的，那么组成这些物质的元素为什么只有那么多呢？我更困惑的是，为什么自然界中的物质大多用十几种元素就能组成呢？"

"我料到你们会有这样的疑问，这正是我接下来想要说的。举一个类似的例子吧，字母表中的字母只有26个，但这26个字母能够组成多少单词呢？"

"啊，这我可没数过。不过，就算是最薄的词典也有不少单词呢。我们先估计有1万个吧！"

"好的，我们也不需要太精确的数字，就算是1万个单词吧。但你们要知道，这些单词还只是我们自己的文字。事实上，无论过去、现在还是将来，这些字母都能组成全世界许多国家的文字，像拉丁文、英文、西班牙文、意大利文、德文、丹麦文、瑞典文等，它们原本就是由这26个字母组成，而即使是希腊文、印度文、阿拉伯文、中文以及一些方言土语，其实也可以用这些字母来拼成。如果我们把这所有的文字都算上，你们想一想总共是多少呢？"

约尔说："那肯定不止几万个，而是上百万个了。"

"好，如果我们用这26个字母来代表元素，用它们组成的许许多多的单词来代表化合物，就能很明白地说明这个问题了。几个字母按一定的顺序排列组合起来，形成了不同的单词，每个单词都有着不同的意思。与之相似，几种元素按一定的比例化合起来就变成了不同的化合物，每种化合物都带有特别的性质。"

约尔插嘴说："那么，元素就是组成化合物的成分，就像字母是组成单词的成分一样了。"

"没错，孩子。"

"那这么说来，化合物的数量和世界各国语言中的单词数量一样多？可我总觉得字母组成的单词要更多一些呢。字母有26个，而据你所说，组成绝大多数化合物的元素只有十几种，26个字母的组合显然要比十几种元素的组合多。"

"在发音相同的情况下，字母的数量其实是可以减少一些的，想想我们的语言中k、q和c有什么不同呢？所以，其中只有一个是必要的，其余两个则不必要。同样，c和s的发音是相同的，还有x和ks，y和i。我们把许多发音重复的字母去掉后，依旧可以组合出很多不同的单词。不过需要承认的是，即使排除一些字母，字母的组合还是要比元素组成的大部分化合物的数量多。而元素的组合方式却并不比字母的组合方式少。

"我们要拼写一个单词，通常会用到好几个字母，比如，有一个又长又难读的单词 'floccinaucinihilipilification'，单

谑，（对荣华富贵等的）轻蔑。英文中最长的单词，出现在莎士比亚的剧本《空爱一场》中。

43

词中共有29个字母，由12种字母组成，要一口气读完也挺不容易。而组成化合物却并不需要这样多的元素，通常化合物只含有两三种元素，含有4种元素的化合物很少。这些元素组成的化合物类似于那些使用1～4种字母拼成的单词，比如，硫化亚铁由两种元素组成；水也由两种元素组成；油脂含有3种元素；动物肌肉则含有4种元素。我们把含有两种元素的化合物称为'二元化合物'，含有3种或4种元素的化合物则称为'三元化合物'或'四元化合物'。

　　"你们可能会问，既然化合物一般由2～4种元素组成，为什么它们会有那么多变化呢？我们可以用单词'rain'举例来解释。如果我们把它的第一个字母换成别的字母，可以得到'gain''lain''vain''wain''pain'等单词。同样，单词'fin'也可以变为'tin''din''sin'，仅仅改变单词中的一个字母就可以完全变成另一个单词。化合物的变化也是这样：

　　　　其中的一个元素被另一个元素代替，就会形成新的化合物。

　　"还有一种变化可以让化合物产生更多的组合形式。例如，一个单词中，同样的字母可以重复几次（像刚才提到的单词'floccinaucinihilipilification'，字母i就出现了9次）。同样，在化合物中，相同的元素也可以重复两次、三次、四次、五次甚至更多，它的每一次重复都会产生出一种新的化合物。然而，在词典中却很难找到这样的例子，因为我们的文字极少在一个短词中有很多重复的字母。假设有这样一连串单词ba，bba，bbba，bbbba……再假设这些单词每个都有不同的意思，那么，这个比喻就和化合物的变化情况非常接近了。"

约尔说："如果化合物以这种方式组合，形成的种类当然很多——十几种元素已经足够多了，因为每一个元素的变化和重复，都会产生新的化合物。"

ba与bba

保罗叔叔问："爱弥儿，你觉得呢？"

"我同意约尔说的，十几种元素的确能组合成无数种化合物，不过我还不太理解'ba'和'bba'为什么会不同？"

"那我来给你们举个例子说明好吗？"

"太好了，我和约尔正想见识一下呢！"

"好的，马上满足你们。"

保罗叔叔说着，从抽屉里拿出了一样东西——一种金黄色、极重的物质，在阳光下会发出灿烂的光。因为这种光泽，它常常被误认为是某种金属。

爱弥儿一见到这华丽的东西，便大声叫着："这好像是一块巨大的黄金！"

保罗叔叔回答："这叫' 愚人金 '，虽然有些像黄金，但它并不值钱，你在山上的岩石中可以找到很多这种石头。书上称这些石头为黄铁矿，用钢质小刀的刀背敲击它，就会产生明亮的火花。"

> 愚人金又叫自然铜，在中国可以入药，现代可在无线电检波中使用。

说到这里，保罗叔叔拿起小刀来演示给他们看。然后，他又说："愚人金的色彩光泽虽然接近黄金，但它不含一点儿黄金，也不是某种单质，而是由你们熟悉的两种单质化合成的化合物，这两种单质分别是铁

和硫。"

爱弥儿惊讶地说："想不到它竟然是由铁和硫黄化合成的！那和人造火山中的那些黑色粉末成分一样吗？"

"是的，它的确是由铁和硫黄化合而成的。"

"那为什么它和黑色粉末看起来很不一样呢？"

"因为愚人金里的硫元素是重复了的。"

"就是把'ba'变成了'bba'吗？"

"没错，就是这样。化学上为了区分，把那些黑色粉末称为一硫化亚铁，而把愚人金称为二硫化亚铁（FeS_2）。"

"原来如此。谢谢叔叔让我们看了这些华丽的石头，并让我们知道了化学上的'ba'和'bba'是完全不同的两种化合物。"

Chapter 5
呼气实验

真正的实验开始了

自从见过了发光的愚人金，爱弥儿和约尔时常会谈起它。保罗叔叔见他们喜欢，就把愚人金送给了他们。他们拿着钢质的小刀在阴暗处敲打着愚人金，快乐地看着它绽放出明亮的火花。而且，在叔叔的提议下，他们还去邻近的山上搜寻到了更多这样的石头。现在，约尔的屋子里摆满了大大小小的各种黄铁矿石块，有些是金黄色的，四面很平整，好像被打磨过一样；有些形状则很不规则，颜色呈青灰色。保罗叔叔告诉他们说："平整的石块是结晶体，在适当的条件下，大多数物质都能呈现出规则的形状，按几何学规律排列出光滑的面。"

他说："将来如果有机会我们再详细探讨这个问题。之前，因为你们的头脑还需要通过训练来记忆某些概念，所以我们只停留在根据各种已有事实来作出判断的层面。现在，你们已经有了很好的知识基础，可以认真学一学正规的化学知识了。我们可以先尝试做几个化学实验，并在实验中通过观察、触摸、尝味、闻嗅来学习知识。"

孩子们关心地问："像这种类型的实验有很多吗？"

"化学实验是很多的，你们想做多少就有多少。"

"那可太棒了！对于做实验我们永远不会厌烦。我们能自己动手去做吗？就像上次的人造火山实验一样？如果可以，那就更有趣了。"

"你们自己做一些没有危险的实验当然是可以的，而那些比较危险的实验，我会先将注意事项告诉你们。约尔的性格很谨慎，所以我们先让他来做实验小组的组长吧。"

约尔听到这样的夸奖，白嫩的脸上顿时显出一片红晕。

保罗叔叔接着说："现在，我们要说到一种很重要的物质——空气。在地球上，空气层的厚度大于45 英里 ，也被人们称为大气。空气是一种非常奇妙的物质，我们摸不到也看不见，乍一听简直不能相信它是物质：'什么？空气是物质？它有重量吗？'

收集空气

1英里≈1609.344米≈1.609344千米。

是的，空气是物质，它也有重量。借助精巧的物理仪器，我们可以来测算空气：1升空气的重量约为1.293克。这个重量要是与铅的重量相比，当然非常微小，但与之后我们将要谈到的物质相比，却也不算轻。"

约尔诧异地说："人们常常说'轻得和空气一样'，就好像世界上没有比空气更轻的物质了。难道还有比空气更轻的物质？"

"世界上的确有比空气更轻的物质，就像木头对比于铅的重量一样。空气是无色透明的，所以我们看不见它。但我所说的'无色'和'不可见'是针对少量空气而言，如果它的分量很多，那这句话就不准确了。以水为例来比照，在杯子里或玻璃瓶里的水几乎是无色的，但在湖泊或海洋中，水会依深浅而显现出浓淡不同的蓝色。同样，空气是无色的，但极厚的一层空气会呈现出蓝色，这也是天空看上去是蓝色的原因。

"空气是看不见、摸不着的，还容易散逸，所以要研究起来十分困难。如果我们想通过实验了解空气的性质，就必须将一定量的空气与其余大气隔绝，把它密闭在一种容器里，并让它能够随意流向各个方向，能够去往各处，能够暴露在某种条件下——总之，要让它能被我们控制。但是，我们

怎样去控制那看不见、摸不着、容易逃逸的空气呢？这是一个难题。"

约尔说："虽然难，但我想叔叔总会有办法解决的！"

"当然，否则我们的话题就无法继续了。除了空气，还有许多很重要的物质也同样是看不见、摸不着、容易逃逸的。这个问题要是解决不了，我们就无法了解这些物质，而作为近现代工业之母的化学，也就不会像今天这样快速发展了。像空气一样容易逃逸的极精微的物质，我们通常叫作'气体'，空气是气体中的一种。现在，我来说说捕捉气体的方法：如果我们想收集从肺里呼出来的空气——换一句话说，就是收集从我们嘴里吐出来的气，需要先将一只玻璃杯盛满水并倒立在装有水的水盆中，杯中的水能高于水盆的水平面，而且不会流下来。之后，我会解释水为什么不会流下来。现在，让我们先进行这个实验。你们看，我会用一根玻璃管往杯子里吹气

（如 图1 所示）。如果没有玻璃管，用芦梗或麦秆等中空的物体代替也行。从我的肺里出来的空气在水中产生了气泡。因为空气很轻，所以这些气泡会上升到杯底，把杯子中的水挤出来。现在，杯子里已经充满了我呼出来的气体，可以用来做各种实验了。"

爱弥儿说："啊，原来收集空气这么简单！"

"很多事情都是这样，不了解时觉得很复杂，一旦掌握了就会觉得挺容易。"

"现在，这个杯子里已经充满了从我嘴里吐出来的气体。用这样的方法收集那些不易捕捉的物质的确是一件有趣的事。平时我们呼气呵气，并不能看见这样的现象，但现在我们却能看见呼出的气在水中变成气泡上升。"

"是的，水的搅动让我们

图1　收集从嘴里吹出的气体

更容易观察到不可见的物质。"

"现在，水静止了，我又什么都看不见了，但我相信这个空杯子里肯定存在一些物质，因为我看见有气泡跑进杯子里把原有的水挤下来了。保罗叔叔说杯子里充满了他呼出的气，这很有趣，我可以试试吗？"

"当然可以了，不过你得先把这杯子里已有的物质拿出来。"

"把它拿出来？怎么拿？"

"这样拿就行。"

保罗叔叔一边说，一边托住杯底，让杯口的一侧向水面倾斜，于是一些物质就从杯口逸出，发出一种气泡出水的声音。

爱弥儿说："这下好了，保罗叔叔呼出的气已经跑出去了。"说着，他又将杯子盛满水，倒立在水盆中，学着保罗叔叔刚才的样子，用玻璃管朝杯子里吹气，快乐地看着那些气泡一个个升到了杯底。

爱弥儿呼出的气已经把杯子里的水全挤了出去，他又说："现在，这个杯子盛满了我呼出的气。保罗叔叔，我还想把我呼出的气盛满一个大瓶子，你看行吗？"

"当然行，孩子，只要你高兴。"

桌子上放着一只广口大玻璃瓶，那是保罗叔叔为以后的实验准备的。爱弥儿把它放到水盆里，却发现水盆太浅，瓶子不能像杯子那样完全浸在水里，然后再倒立起来。他说："保罗叔叔，这个水盆太浅了，怎样才能把它倒立起来呢？"

"嗯，这需要我们想想另外的办法，你看看我是怎么做的吧。"

保罗叔叔把大玻璃瓶先放在桌上注满水，然后用左手抵住瓶口，右手握住瓶子，将它颠倒过来放到水盆里，最后把左手抽出，大玻璃瓶就稳稳地倒立在水中，而且一滴水也没有流下来。

爱弥儿看到这个十分简单的方法，欣喜地说："保罗叔叔真聪明，什么问题都有办法解决！"

"孩子们，要利用这些简陋的仪器来完成精细的化学实验，总是需要一点点机智和技巧的。"

不一会儿，瓶子里已经灌满了爱弥儿呼出的气。随后，约尔也照做了一次，然后叔叔说道："为什么杯子或瓶子里的水能高出水盆中的水面，并且不会流下来呢？现在，我就来简略地说一说其中的原因吧，事实上更为详细、精确的解释属于物理学范围，而不在化学范畴。

"我说过，空气可以像其他物质一样被衡量。单从数字上看，空气的重量十分微小，约为每升1.293克。然而，地球上的大气层厚达45英里，把这些大气全加起来计算重量就很可观了。大气既然有重量，必然会把这重量从上下左右各个方向施加到它所包围着的物体身上。在我们的实验中，它会向水盆的水面施加压力，这种压力通过液体传递到瓶口，把瓶子里的水托住，使得瓶中的水高于水盆的水平面。"

气压实验

"让我们用一个令人惊奇的实验更直观地感受一下吧。把一个瓶子注满水，并在瓶口紧贴上一张潮湿的纸，然后用手按住瓶口的纸，同时把瓶子倒立过来（如 **图2** 所示）。这时，即使手不再按住瓶口，瓶子里的水也不会流下来，因为大气压力从下方把瓶子里的水托住了，瓶口那张潮湿的纸起到阻隔空气窜入的作用。"

孩子们好奇地问："我们也可以试着做一做这个实验吗？"

图2　不按住瓶口，水也不会流下来

"当然可以，我们马上开始吧！需要的瓶子、纸和水都有现成的。"

保罗叔叔按刚才所说的步骤操作了一遍，果然瓶子里连一滴水也没有漏出来。

爱弥儿惊呆了，他说："太神奇了！这张潮湿的纸只是贴在瓶口，并没有把瓶口塞住，为什么水不会流下来呢？不知道这样能坚持多久？"

"只要你能一直握住瓶底，它就可以永远不流下来。"

"那瓶子里的水是不是时刻都想流下来呢？"

"是的，它随时都想流下来，或者说要压下来，只不过大气压力比这水的压力大，能将它托住。"

"要是把那张潮湿的纸抽走呢？"

"那瓶子里的水就会马上流下来。瓶口的纸是用来隔绝水与空气的接触的，正是因为这张纸，水才不会流到空气中去，空气也不会钻到水中来；没有了这张纸，空气会迅速占据瓶子里水的位置，把水完全挤出去。这就好比，如果把两根铁棒头对头推着，它们之间各不相让，阻力会很大。我们用潮湿的纸隔在水和空气之间，也是同样的道理。但是，如果把这两根铁棒换成两根细细的铁针，然后再把它们头对头推起来，那它们将会交错着相互穿过，就像没有用潮湿的纸隔开水和空气一样。

"我们再来看看刚刚用来收集气体的瓶子：把它盛满水倒立在水盆中，由于大气压力的作用，瓶里的水能被托住，并且高于水盆中的水平面而不流下来。如果我们将这个瓶子换成一个极高的容器——比如，一端封口的狭长玻璃管，将它盛满水倒立在水盆里，想想这个容器里的水是不是还能保持在水盆中的水平面以上呢？这个问题的答案视情况而定，如果玻璃管的高度在10米左右，那么其中的水应该不会流下来；如果玻璃管的高度超出了10米，则10米以上的部分会再次被空气填满而变成空隙，这是因为大气压力只能托住大约10米高的水柱的重量，超过10米就维持不住了。我们现在所用的容器高度都远远低于10米，所以其中的水肯定不会流下来。"

转移气体实验

"最后，我还要说说怎么把气体从甲容器转移到乙容器。就拿我们呼出的气体来实验吧。首先按之前的方法往甲容器里吹满气，然后将乙容器盛满水倒立在水盆中，让杯口将将没入水平面下，接着把甲容器同样倒立在水盆中，使它的杯口位于乙容器的杯口下方（如 图3 所示）。这时，甲容器中的气体会变成气泡连续逸出，进入到乙容器中。

"我们斟酒时，为了转移液体要用到漏斗，而有时转移气体也可以利用漏斗。不过，由于常常会接触到具有腐蚀性的液体，在化学上使用的漏斗通常是用抗腐蚀性极强的玻璃制成的。如果只需要转移我们呼出的气体，用普通的洋铁皮漏斗也行，但能拥有一只玻璃制成的漏斗更好，因为它更符合化学实验的要求。并且，相较于洋铁皮，玻璃制成的漏斗是透明的，其优点是可以从外侧看到漏斗中液体的变化。

"想要把任何容器中的气体

图3 转移气体的简易装置

转移到窄口长颈的瓶中，都必须使用漏斗。当然，转移的操作也需要在水下进行：首先将长颈瓶注满水倒立在水盆中，再用手将漏斗从水下插入较窄的瓶口，然后参照之前的方法，使原容器中的气体变成气泡，经漏斗进入窄口长颈瓶中就完成了转移。

　　"好了，今天先讲到这里。现在，你们可以自己试着做一做这个实验了，先用一个杯子收集呼出的气体，再将这个杯子里的气体转移到其他容器或长颈瓶中，练习一下你们的操作手法，也许不久之后我需要你们当我的助手呢。"

Chapter 6
空气实验

蜡烛燃烧实验

保罗叔叔拿着一个有点儿深的碟子，在碟子的中央滴上几滴蜡泪，将一支蜡烛粘了上去。接下来他点燃了蜡烛，把一个透明的广口大玻璃瓶倒放着罩在蜡烛上，然后在碟子里注满了水，如图4所示。

孩子们莫名其妙地看着，不知道接下来将要进行怎样的实验。但是，没等他们困惑太久，保罗叔叔已经准备好了一切，他问道："谁能告诉我瓶子里都有些什么？"

爱弥儿说："一支燃烧的蜡烛。"

"还有其他的吗？"

图4 蜡烛燃烧后，玻璃瓶里还有什么

"除了蜡烛以外，应该没有什么东西了吧？"

"还记得之前我们说过，有些物质是肉眼看不见的吗？请你们动动脑筋来想一想，而不只是用眼睛来看。"

爱弥儿听完保罗叔叔的话，顿时有些难为情，但他一时间实在想不起来这看不见的物质到底是什么。这时，约尔回答说："在这瓶子里的物质还有空气。"

爱弥儿争辩说："但叔叔并没有将空气放进去啊。"

保罗叔叔说："我并不需要特地把空气放进去，瓶子中原本已经充满了空气。我们所用的全部容器，像各种杯、瓶、壶、罐等，全都被大气包围着，被空气充满着，就像一个没有木塞的瓶子放在水中一样。我们喝酒时，倒完酒瓶中的最后一滴酒，总是会说酒瓶空了，但严格地说，酒瓶并不是空的，因为空气占据了原来酒液的位置，酒瓶其实充满着空气。所以，我们通常说的'空的东西'都不是空的。当然，我们可以制造真正的'空'，但需要借助适当的工具。"

约尔问："是要用到空气泵吗？"

"对，就是空气泵，它能完全抽出密闭容器中的空气，并排放到外面的大气中。但我没用空气泵抽过这个瓶子，所以它里面还充满着空气，蜡烛也在瓶内的空气中燃烧着。我为什么用水注满这个碟子呢？因为这瓶子里的空气是要用来做实验，并借此来研究它的性质的，所以我们必须把这些空气密闭在一个容器里，与外界隔离。否则，这个实验就无法完成，我们也无法确认用于实验的空气究竟是大气中的哪一部分了。仅靠倒立的瓶子是不能完全隔离大气的，因为在瓶口和碟底之间会有极细小的缝隙，空气能够从这些缝隙中自由出入。我们只有把这些缝隙塞住才能防止空气乱窜，这就是朝碟子中注水的原因。这些水不但可以隔离瓶子内外的空气，还可以指示瓶子中发生的反应。现在，你们可以认真观察一下瓶子中的变化。"

瓶子中的蜡烛本来燃烧得很明亮，和在大气中的燃烧没有什么两样。但是，渐渐地，火焰开始暗淡变小，并且不停地摇曳，出现黑沉沉的烟雾，最终完全熄灭了。

消失的空气

爱弥儿叫道："快看！没有人吹蜡烛，它自己就熄灭了。"

"不要着急，我马上就会讲到这个现象。现在，请你们先睁大眼睛看看，碟子中的水发生了什么变化？"

爱弥儿和约尔认真看着，只见水在瓶口慢慢上升，差不多完全占据了瓶颈部分原本属于空气的位置。

保罗叔叔说："你们现在可以提问了。"

爱弥儿急忙说："我有一个问题希望得到解答。我们知道想要熄灭蜡烛，需要对着火焰吹一口气。但我们刚刚并没有吹气，即使吹了，也会因为有瓶子罩住而无法吹灭。刚刚也没有风，即使真的有风，也吹不进瓶子里。那么，燃烧得好好的蜡烛为什么会逐渐暗下去，直至完全熄灭呢？"

约尔也问道："我也有些疑惑，这个瓶子里原本充满了空气，但现在瓶子里一部分空气的位置却被碟子中的水占据了。瓶子里的那一部分空气是怎样消失的呢？它们又去了什么地方？如果你不向我们解释，我肯定要认为那一部分空气被蜡烛的火焰消灭了。"

"我们先来回答约尔提出的问题吧，解决了这个问题，爱弥儿的问题也就容易解答了。约尔观察到瓶子中的一部分空气已经消失了，这非常好。瓶子里上升的水也可以证明这一点。不过，这一部分空气虽然消失了，却没有被消灭，仔细思考一下，这些不见了的空气，其实已经转变成了其他物质。

"我曾经说过，当几种不同的物质发生化合反应时，放热和发光几乎是这种反应最为明显的标志。"

约尔说："我知道！你把它比作祝贺缔结化学婚姻的灯彩，在瓶子里也能够出现这样的情况吗？"

"当然，蜡烛燃烧的火焰很热，并发出光亮，由此可以知道某种化合反应正在发生。那么究竟是什么物质在化合呢？显然，其中有一种物质来自烛脂，而另一种物质只能来自空气，因为瓶子里除了烛脂和空气外，就没有其他物质了。这个化合反应产生了一种新物质，它既不是烛脂，也不是空气，性质也与烛脂、空气完全不同。它和空气一样，是一种不可见的物质，我们肉眼看不见它。"

约尔反问道："如果烛脂和空气化合产生了一种新气体，那这种新气体就应该占据因为化合反应而消失的那部分空气的位置，瓶子应该始终都充满气体，但事实却是碟子里的水上升进入了瓶口，这是什么原因呢？"

"我们马上就会说到。先说新生成的化合物吧，它是极易溶于水的，就像糖和食盐溶于水那样。糖和盐一旦溶于水就消失不见了，我们只能从水的甜味或咸味中判断它们是否存在。同样，刚刚新生成的气体也溶解在水中，并和水结合在一起了。你们夏天所喝的汽水就是溶解着这种气体的液体，因为汽水中溶解的这种气体太多了，所以打开瓶盖或倾倒的时候，原本溶解着的气体经过震动，变成了气泡纷纷逸出。你们能想象到，汽水中的气体和蜡烛燃烧生成的气体是同一种物质吗？我们现在没有足够的时间来讨论这个有趣的问题，等过几天合适的时候再说吧。

"由烛脂和空气所形成的新化合物既然能够溶于水，瓶子中自然会空出一些位置，而碟子中的水因为大气压力上升到瓶中，就占据了这些空位。我们可以从水上升的高度看出有多少空气消失了。"

爱弥儿说："看！水只上升到了与瓶颈相齐的高度。"

"那就表明发生化合反应的气体很少——瓶子中上升的水所占容积有多少，就表明参与化合反应的气体有多少。"

"既然瓶子里还有许多空气，为什么烛焰不能把这些空气都燃烧完呢？不知道现在瓶子里的空气和最开始时有什么不同，在我看来，它还是无色透明的，并且没有产生烟雾。"

蜡烛为什么会熄灭

"我现在就来回答你的问题：为什么瓶子里的蜡烛不用吹就会熄灭？这是因为，烛脂和空气中的某种气体化合产生烛焰，可见烛脂和空气对于火焰的产生同等重要，两者缺一，火焰就会熄灭。烛脂作为燃料，其必要性显而易见，但空气的必要性如何证明呢？你们应该从刚刚的实验可以推测出：烛焰不用吹就会熄灭，肯定是因为它的燃烧缺少了什么条件。"

"我懂了，没有人去吹灭蜡烛，也没有风，它的熄灭是因为燃烧缺少了什么条件，那缺少的究竟是什么呢？"

"缺少的肯定是空气，这瓶子里原本也只有空气，火焰想要继续燃烧，空气是必不能少的。"

"但瓶子里还有空气啊——而且比原来并没有少很多。"

"你说的也没错，但空气并不是一种纯净的物质，而是由好几种不可见的气体混合而成的混合物。占空气成分最多的是两种气体，其中一种比重较小，能够帮助火焰燃烧；另一种比重较大，不能帮助火焰燃烧。所以，当瓶子里缺少了能够助燃的气体之后，火焰也就随之熄灭了。"

约尔说："我完全明白了，火焰因为没有了助燃的气体而熄灭，这种能助燃的气体和燃烧着的烛脂化合后，变成了另一种透明的气体，它能溶于水，于是碟子中的水上升进入瓶子，占据了它原来的位置。现在，瓶子里只剩下那种不助燃的气体，烛焰的燃烧就停止了。"

"你的解释基本正确，不过还需要略加修正。蜡烛的燃烧并没有用尽所有助燃气体，只不过瓶子里剩余的助燃气体分量太少了，已经不能维持烛焰的燃烧。我们之后会尝试完全用掉剩余的助燃气体，不过现在让我们先到这里吧。"

爱弥儿说："如果我们再点燃一根蜡烛，将它放进这个瓶子里，是不是同样也会熄灭呢？"

"当然，而且它会熄灭得非常迅速，就和浸入水中差不多。之前的蜡烛已经熄灭，再放一根进去，是不可能继续燃烧的。"

"虽然是这样的道理，但我还想试一试。"

"好的，你可以自己检验一下。"

说着，保罗叔叔拿出另一根蜡烛，把它插在一根弯成钩状的铁丝上，如 图5 所示，然后左手拿起瓶子，右手没入水中抵住瓶口，小心地将瓶子拿出来直立在桌子上，同时将右手撤出。

爱弥儿见了说："你把手拿开后，瓶子里的气体不会跑出来吗？"

保罗叔叔说："不会的，因为这种气体 比空气还重 。不过，你不放心的话，我们就用一片碎玻璃做个盖子吧。"

保罗叔叔说着，随手拿起一

验证蜡烛燃烧实验

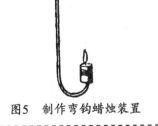

图5　制作弯钩蜡烛装置

原文为"和空气一样重"，但其实蜡烛燃烧会生成二氧化碳，它比空气重。

块从窗子上打下来的碎玻璃，盖在了瓶口。

他说："好了，我们可以开始接下来的实验了。"

他点燃插在铁丝上的蜡烛，稍稍移动瓶口的玻璃盖，轻轻将蜡烛伸入瓶中，只见那烛火马上就熄灭了。再试一次，也是同样的结果。

"好了，不相信的话，你可以自己去试一试。亲自动手的实验，印象总是比较深刻。"

爱弥儿点燃蜡烛做起实验来：如 **图6** 所示，他把蜡烛小心而缓慢地伸进瓶子里，以为这样就不会熄灭了，但结果并没有如愿。他耐心实验了好几次，每一次都失败了。

爱弥儿有些失望，他说："虽然烛火一伸进这个瓶子里就熄灭了，但这也许和瓶子的大小有关系呢？瓶子的空间不够，会不会是烛火熄灭的原因呢？"

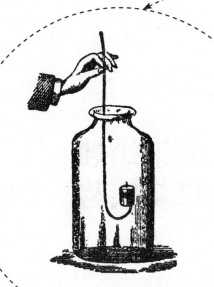

图6　将蜡烛伸进瓶子

"这是一个好问题，我可以马上解释清楚。你看看我手中的另一个瓶子，它和刚刚那个瓶子的大小形状都相同，而且被我们四周的空气充满着。现在，请用这个瓶子再做一次刚才的实验吧。"

爱弥儿将烛火伸进新的瓶子，只见它就像在空气中燃烧一样，并不熄灭。无论伸进去的动作是快是慢，伸到瓶口还是瓶底，蜡烛都和在瓶外空气中的燃烧没有两样。两相对比，他的疑惑消除了。

爱弥儿说："我明白了，第一个瓶子里的空气被烛火的燃烧消耗后，已经不能维持烛火的继续燃烧了。"

"你已经信服这个结果了吗？"

"是的，我信服了。"

"那我们接着说，刚刚的实验可以得到一个这样的结论：空气的大部分是由两种气体组成的，这两种气体都是无色透明的，但它们的性质却并不相同。分量较少的气体可以使烛焰燃烧得更旺盛；而分量较多的气体却没有这种作用。我们把前一种气体叫作'氧'或'氧气'（Oxygen），后一种气体叫作'氮'或'氮气'（Nitrogen），它们都是非金属单质。空气主要是由这两种气体组成的混合物，而不是单一的元素。事实上，人们证明空气不是元素而是混合物的事实也只有几百年历史。"

约尔说："把蜡烛放入倒立在水中的瓶子里燃烧是一件挺简单的事，为什么从前的人们不知道用这个方法来实验呢？"

"这个方法虽然简单，但想出这个简单的方法的过程却很困难呀。"

Chapter 7
第二次空气实验

寻找合适的燃料

"我们刚刚做了把蜡烛放在倒立于水盆中的瓶子里燃烧的实验，它的操作很简单，需要用到的仪器也很容易得到，但可惜的是这个实验并不完全。它只能说明空气主要是由两种不同的气体组成的，其中一种叫氧气，能够助燃；另一种叫氮气，不能助燃。但是，它并不能说明空气中含有多少数量的氧气和多少数量的氮气，因为蜡烛熄灭后剩余的气体不是纯净的氮气，而仍然含有极少量的氧气。

"蜡烛的火焰燃烧得并不强烈，轻轻一吹就熄灭了。它在瓶子里虽然不会被吹灭，但由于火焰燃烧得不强烈，所以也就无法完全摄取瓶子中全部的氧气，当氧气逐渐变少时，火焰也就逐渐暗淡熄灭了。打个比方，烛焰就是一个食量很小的客人，他把面前的一份饭菜吃到还剩许多；如果想要实验完全，需要找到一个食量很大的客人，他能把饭菜吃得干干净净，只剩下一些不能吃的骨头。换句话说，我们需要寻找一种能燃烧得非常猛烈的燃料，它能够完全摄取瓶子里的氧气，只把那些无用的氮气剩下来。

"那么，什么样的燃料才合格呢？是煤吗？不是，事实上煤还比不过蜡烛，因为蜡烛一点就着，而把煤点着却需要引火物，而且煤燃烧时还需要不断输送空气，所以用煤来做这个实验并不合适。是硫黄吗？它一旦着火就会猛烈燃烧，摄取氧气的力量极大，但硫黄的缺点是燃烧时会放出呛人的烟雾。如果我们手头没有更好的燃料，那么用硫黄来做这个实验也是可以的。不过，现在我要问一问，你们是否注意过，在红头火柴的火柴头上，除了助燃的物质外，还有一种易燃的物质？"

两个孩子一起回答说："知道，是磷！"

"没错，就是磷！磷是一种极易燃烧的物质，只要稍稍摩擦，它就会燃烧。红头火柴又叫摩擦火柴。现在，摩擦火柴的火柴头也有了别的颜色，火柴头上不再用磷，而是改用一种磷的化合物了。磷极易燃烧，而且燃烧程度之强，没有其他物质比得上，它就像我们要找的那个食量很大的客人。在实验开始之前，我们先来了解一下它的性质。我想你们应该还不太熟悉磷，仅仅是在红头火柴头上看见过吧。"

爱弥儿说："为什么你总说红头火柴而不说黑头火柴呢？黑头火柴难道不是用磷制作的吗？"

"制作红头火柴所用的磷和黑头火柴所用的磷是不相同的。红头火柴用的是呈黄色的普通的磷，叫'黄磷'，也就是我们接下来做实验要用到的磷；黑头火柴用的却是一种呈红色的、性质不太活泼的磷，叫'红磷'。普通的磷是黄色的蜡状固体，而红头火柴头因为在制造过程中人为掺入了一种红色染料，所以变成了红色。红头火柴头中除了含有黄磷和红色染料，还含有一些助燃物质及树胶等。我们生活中所见的磷大多不是纯净的磷单质。现在，我可以给你们看看纯净的磷单质是什么样的。

"我前些日子去城里，顺便买了一些实验室里的必需品。让我解释一下什么是实验室吧，它是进行科学研究的地方，也是科学家的工作场所。虽然我们的实验室比较简陋，但像仪器和药品之类的基础物品还是要齐备，因为我们仅凭一双手、一张嘴是无法做化学研究的。通过实验，你们才能亲眼看见物质的变化；通过实物展示，让你们能触、摸、嗅、尝需要观察的物质，这是获得知识的最佳途径。

"铁匠没有了铁钳和锤子，就打造不出铁器。同样，化学家的实验室里如果没有了各种仪器和药品，也就无法进行研究工作了。为了实验，我们必须慢慢购置一些物品，但你们的叔叔我财力有限，只能添置一些最基本的物品。当实验设备不足的时候，开动脑筋想想如何避免使用复杂仪器，如何利用日常用品进行实验，也是件锻炼人的事。随手可得的水

盆、旧瓶子、玻璃杯，都是能当化学实验仪器的。而且，使用这些日常用品得到的实验效果并不比大实验室的效果差。我们先在这种条件下做实验，如果有一天真的进入了正规实验室，说不定还会对这些简陋的设备念念不忘呢。

"不过，有时候日常生活用品无法达到某些实验的要求，到了这种时候，我们就不得不去购置那些必需的物品。这个话题就先到这里，现在我们还是再回来谈一谈磷。"

磷的特性

保罗叔叔拿出一个盛满水的瓶子放在孩子们面前，瓶子里有着一条条的黄色物质。

他说："这就是纯净的磷，它是略带黄色的半透明固体，和蜂房中的蜂蜡很像。"

约尔问："为什么要把它放在水中呢？"

"因为磷在空气中太过易燃，极轻微的热就能让它燃烧起来。"

"那为什么红头火柴头中的磷不会随时在空气中燃烧起来呢？要让它燃烧，至少需要摩擦一下。"

"我之前说过，红头火柴头中的磷并不是纯净的磷，它还混合着染料、树胶等物质，因此它的可燃性有所减弱。不过，它在高温下也是极易燃烧的，爱弥儿之前提起的手指被灼伤的事便是证明。这是红头火柴的缺点之一，所以现在越来越多的人都改用黑头火柴了。黑头火柴中的磷是一种不太活泼的红磷，它在空气中不会轻易自燃，而且黑头火柴的磷并不在火柴头上，而是在火柴盒一侧的棕色摩擦面上，所以火柴在其他地方摩擦时不会燃烧，人们把它叫安全火柴。"

爱弥儿问："普通的磷极易燃烧，为什么将它放在水中就不易燃烧了呢？"

"因为必须有两种物质才能燃烧：可燃物质和助燃物质。这里的助燃物质是指空气中所含的氧气，当这两种物质化合时，便会产生燃烧的现象。如果没有氧气，无论燃料如何易燃，都不会发生燃烧现象。我把磷放在水里，是将它与空气隔离开来了，所以它无法自燃。

"不过，你们要注意，被燃烧的磷灼伤是一件危险而痛苦的事，比起炽热的炭和铁，它所能造成的伤害更大。因此，你们千万不要随意摆弄这可怕的东西。如果是为了学习而必须用它来做实验，你们也要十分小心。

"我这样再三提醒你们，是因为磷除了有自燃和灼伤人的危险外，还是一种毒药，人只要食用哪怕极少的分量也足以致命。所以你们一定要小心谨慎，时时刻刻提防着才行。

"接下来，我会通过实验告诉你们，如何使用磷来确定空气的组成。我们会使用少量的磷，把它放在与大气隔绝的一定量的空气中燃烧。"

"这次实验，我们用到的容器要尽量大一些，这样才能避免容器内壁因为火焰的高热而突然爆裂。如果没有更好的选择，可以使用装糖果的广口大玻璃瓶。不过，这次我准备了一个玻璃钟

燃磷实验

罩，它是我刚刚从药房买来的，比普通瓶子更适合。我希望你们在使用的时候爱惜它，因为它是一个非常有用的实验器具。你们看这个透明的玻璃容器，它的上方有一个圆形的顶，还有一个方便人们拿起它的小玻璃

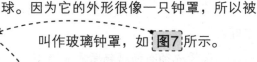

球。因为它的外形很像一只钟罩，所以被叫作玻璃钟罩，如 图7 所示。

"现在，让我们准备实验吧。磷的燃烧实验必须在水面上进行，因为这样才能将罩内的空气与罩外的大气隔绝开。我们只能把磷放在小木块或任何能漂浮的物体上，让它浮在水面。不过，如果将磷直接放在木块上，它肯定会烧毁木块，所以在磷和木块之间还必须垫一点儿不能燃烧的物品，我们选择了一片瓦罐碎片。到现在，所有的准备工作已经完成。

图7 玻璃钟罩

"实验开始，我们需要先切下一块磷。磷的质地较为柔软，硬度和固体蜡差不多，但切的时候要十分小心，因为它一旦在空气中暴露，和刀子稍稍摩擦便会燃烧，可能灼伤实验者。所以取用磷的时候必须使用铁质镊子，而且要在水中进行，动作必须快速，你们先看一看我是怎么操作的。"

保罗叔叔将一个铁质镊子伸入瓶内，迅速夹取了一条磷。与此同时，孩子们闻到了一股强烈的大蒜气味，并看到了生成的淡淡的白烟。后来，保罗叔叔告诉他们，这是磷特有的臭味，而如果在光线较暗的地方观察，可以看到白烟是微微发光的。那条被拿出的磷很快又被放入水中，保罗叔叔在水里切下了有两颗豌豆那么大的磷。他把切下的磷放在瓦罐碎片上，又把碎片放在小木块上，再把小木块放到水面上。最后，保罗叔叔点燃了磷，并立即用玻璃钟罩罩住了它。

如 图8 所示，罩内的磷猛烈地燃烧

着，发出闪耀夺目的火焰。燃烧时

不断产生的白烟把罩内充斥成

了乳白色。同时，盆中的水上

升进入罩内，保罗叔叔不停

地向盆里加水，让盆保持充

足的水量，以继续成功隔绝

罩外的空气。罩内的白烟越

来越浓，最终完全遮住了火

光，只能偶尔看见火光摇曳，

像云层中的闪电。再后来，闪烁

的火光暗淡下来，火焰完全熄灭了。

图8　磷在玻璃钟罩中燃烧

保罗叔叔说："好了，现在罩内空气

中的氧气已经全部燃烧尽了，剩下的是不能助燃的氮气，而这一小块磷却

还没有燃烧完，白烟消退后你们就能看见它了。趁着这个空隙时间，我们

来说说这白烟是什么吧。白烟是由燃烧的磷，也就是磷和空气中的氧气化

合而产生的。磷和氧气的化合反应伴随着发光和放热——你们一会儿摸一

摸水里的瓦片就能感知那热度。这些白烟极易溶于水，罩内于是有了空

位，大气压力便使得盆中的水上升到罩内来填充。我们已经知道白烟是磷

和氧气化合反应的产物，所以白烟中是含有氧元素的，而消失的白烟也就

是消失的氧气。由此，我们可以从水上升的体积推知罩内空气中所含的氧

气是多少。白烟完全溶于水需要静静等待二三十分钟的时间，但如果小心

震荡罩内的水，这些白烟会消失得更快。"

说着，保罗叔叔把玻璃钟罩里的水小心震荡了几下，只见罩内渐渐清

晰起来，恢复了原先透明的状态。同时，他们看见碎瓦片上果然有残存的

磷，不过这时的磷已经变为红色，并且由于被高热融熔过，这些红色的磷

都流散在碎瓦片上，不仔细分辨，几乎认不出是磷了。随后，保罗叔叔将

玻璃钟罩略加倾斜，让木块漂浮到一边，把它连着碎瓦片一起拿了出来。

　　他说："经过燃烧剩下的物质，虽然外表因为高热变成了红色，但它本质上仍然是磷。我之前说过，黑头火柴是用红磷制成的，现在我们看到的这种残留物质就是红磷。它的颜色和形状与黄磷有差别，性质也不相同。黄磷比较活泼，能在空气中自燃；红磷则不太活泼，在空气中需要高热才能燃烧。打个比方，前者就像一个充满活力的健康人，后者则像一个精神不振的病人。"

　　保罗叔叔说着，拿起碎瓦片上的红磷，和孩子们一起走到了花园中，因为后续实验可能产生的有毒白烟在空旷的地方更容易散开。他将碎瓦片放在一块石头上，用火柴一点，只见碎瓦片上的物质立刻发光燃烧起来，生成了和罩子里一样的白烟，这证明了残留下来的物质的确是磷。

　　当所有的磷都燃尽后，保罗叔叔继续说道："玻璃钟罩里的燃烧之所以停止，并不是因为缺少可燃物质，而是因为缺少了助燃物质。作为可燃物质的磷被证明是有剩余的，那么缺少的当然是作为助燃物质的氧了。现在，可以肯定玻璃钟罩里已经没有助燃的氧气剩下了。"

空气的特性

　　"磷和蜡烛的燃烧实验都告诉我们：空气中主要含有两种气体，一种是助燃的氧气，另一种是不助燃的氮气。而磷的实验又进一步告诉了我们这两种气体在大气中所占的比例。实验用的玻璃钟罩是圆筒形的，如果我们按它的高度分为等长的5小格，那么每一小格的容积或者说体积也是基本相等的。现在，我们看见罩子里水占据了原本属于氧气的位置，约占整体高度的 $\dfrac{1}{5}$，而氮气占据着剩下的 $\dfrac{4}{5}$。由此，我们可以推知，四周的空气中所含的氮气约为氧气的4倍，也就是说，每5升的 空气 中含有1升的氧气和4升的氮气。

"今天我们就先讲到这里了。明天，我们会做一个需要两只活麻雀的实验，我们现在把捕鸟器准备好，明天早晨应该就能捉到麻雀啦。"

准确地说，空气中还含有水蒸气和其他气体，但因为含量极少，此处不计算在内。

Chapter 8
两只麻雀

氮气的特性

第二天，两只活麻雀已经被捉住，正在笼子里活蹦乱跳着。孩子们把笼子提到保罗叔叔面前，急切地想知道与这两只麻雀有关的实验是什么。他们对实验充满了兴趣，觉得就和游戏一样好玩。保罗叔叔也非常欣慰，他认为想要学好知识，兴趣是最好的老师。

保罗叔叔说："通过昨天的实验，我们知道，磷燃烧过后，玻璃钟罩里只剩下了完全不助燃的氮气。如果只用眼睛来观察，你们会觉得它和空气没有什么差别，但如果仔细研究它的性质，就会发现它和空气是不同的。我们已经从昨天的实验结果知道，氮气不能使任何物质燃烧。当时的玻璃钟罩里还剩了很多磷，这些磷在罩子里已经不能再燃烧了，但后来我们将它拿到空气中，这些磷却又重新燃烧起来。可见，罩子里的助燃气体已经消耗完，但空气中的助燃气体却是取之不尽、用之不竭的，所以磷在空气中能够燃烧尽了。

"磷是一种非常易燃的物质，然而磷却不能在只剩氮气的玻璃钟罩里燃烧，更不用提其他不太易燃的物质了。"

约尔说："那是当然的。这是不是意味着，任何火焰一旦放入氮气中都会立即熄灭？"

"是的，一旦放入氮气中，无论哪种正在燃烧的物质都会立刻熄灭。"

"就和之前蜡烛不能在瓶子里继续燃烧一样吗？"

编者注：由于时代背景所限，本书中关于捕捉麻雀进行实验的相关内容有违现在的环保理念，为保持本书内容完整性，我们保留了这部分内容。我们提倡小读者们要从小爱护小动物，与大自然和谐相处。

"道理是一样的，但具体情况略有不同。蜡烛燃烧并不能用尽所有的氧气。将蜡烛放入倒立在水中的瓶子里燃烧，烛火熄灭后所剩下的气体并不是纯净的氮气，这其中还混杂着少量的氧气，但已经无法维持蜡烛继续燃烧了。不过，像磷这种比蜡烛更易燃的物质，还能在这少量的氧气中再燃烧一段时间。"

约尔说："那么，是不是可以这样说，磷对于氧气的食量要比蜡烛大，所以能将蜡烛吃剩的东西都吃完了。"

"这个比喻很棒。只要残余的气体中还混杂着氧气，磷就必定能把这些氧气吃个精光；但如果气体中没有氧气了，那它就只好闭上嘴——也就是不会再燃烧了。"

爱弥儿说："这个解释已经够明白了，不过，我想我们最好还是用实验来证明一下吧。"

保罗叔叔说："这个实验本来就是计划中要做的。为了方便实验，我们需要先把玻璃钟罩里的气体转移一点儿到广口瓶中。我在之前的实验中演示过转移气体的方法，这次你们试着操作一下吧。放玻璃钟罩的水盆太浅、太小，这次我们换个盛满水的大木桶来做实验。"

保罗叔叔说着，把玻璃钟罩连着水盆一起放到了木桶里。当玻璃钟罩的底边没入水中时，他将水盆抽走，约尔也立即把一个盛满水的广口瓶倒没在水中，瓶口刚好在水面以下。然后，叔叔略略倾斜玻璃钟罩，罩内的气体就慢慢上升进入广口瓶，并将它充满了。接着，叔叔又把水盆衬在玻璃钟罩的下方，把它从水中拿回桌子上。最后，他用手掌抵住广口瓶的瓶口，把它颠倒过来直立在桌子上，撤去手掌，迅速用一块玻璃盖住了瓶口，防止外界空气窜入。

保罗叔叔说："现在，这个广口瓶里已经充满了氮气，我们先用哪种物质来实验呢——硫黄、磷还是蜡烛？"

爱弥儿提议说："从不太易燃的物质开始吧，我们先来试一试蜡烛怎么样？"

一个点燃的蜡烛头被插在弯曲的铁丝上，慢慢伸进了瓶子里，烛焰刚

刚到瓶口位置就突然熄灭了，连烛芯上的火星也没有幸免。这熄灭的速度之快，就像把烛火按入水中一样。

爱弥儿说："烛焰比我们上次实验熄灭得更快呢。上次的烛焰伸入了瓶中才熄灭，而且烛焰熄灭后，烛芯上红色的火星还残留了一会儿。但这次实验，蜡烛头一伸到瓶口，火焰和火星就都熄灭了。让我们再来试一试磷吧。"

"可以的，不过我看磷在这瓶子里也不会燃烧起来。"

把磷放在之前就用来盛放磷的那片碎瓦片上，将一根细铁丝的一端弯成圆形托住碎瓦片，磷燃烧后，把铁丝伸入含有氮气的瓶子中，燃烧着的磷果然马上就熄灭了。

爱弥儿本来还觉得硫黄极易燃，也许能在瓶子里继续燃烧，但实验结果却表明，硫黄和磷熄灭得一样快。

保罗叔叔说："现在可以不用再试了，实验的结果都会是一样的。氮气是不助燃的气体，所以在氮气中什么物质都不能燃烧。"

如何收集气体

"接下来的实验我们要用到那两只麻雀了，把它们用在化学学习上，它们会告诉我们一些新知识的。实验开始前，我们需要换一瓶氮气。原来瓶子里的气体和烛脂、磷、硫等接触过，不能确定它现在是否还是纯净的，所以，我们要把瓶子里的气体排空，再从玻璃钟罩里转移一些纯净的气体。想想我们应该怎样操作呢？"

爱弥儿不假思索地回答："要排出瓶子里原来的气体，把瓶子颠倒过来不就行了吗？"

保罗叔叔说："但是瓶子里的气体和空气差不多重，把瓶子倒过来排出气体的方法不一定能成功呢。"

"这一点我倒是没想到。那对着瓶子用力吹气，可以把瓶子里的气体全赶出去吗？"

"理论上是可以的，但是这样我们看不到气体的进出过程，无法判断瓶子里的气体是不是被完全赶出去了。而且，你用自己呼出的气体来替换瓶子里原本的气体，那又用什么来赶走这些呼出的气体呢？如果再用嘴来吹，就陷入了永无止境的循环。"

"的确！一开始觉得很容易做到，仔细想想才觉得困难。约尔还没有发表意见，大概也还没想出办法来吧？"

约尔说："我承认，虽然这是一件小事，但我确实不知道该怎么办。"

"不用烦恼，看看我是怎么做的吧。"

保罗叔叔拿起瓶子直接往水桶里一沉，瓶子立刻被水填满了。

"现在这瓶子里已经完全没有气体了。"

孩子们说："是的，可是瓶子里充满了水。"

"没有关系，我们刚才从玻璃钟罩里转移出第一瓶气体时，瓶子里不也充满了水吗？"

"啊！原来如此！这样一来简直是太容易了。不过就像你之前所说的，简单的办法难就难在不容易想出来。"

保罗叔叔说："还有一件事，我觉得应该和你们说一说。为了确认不同地方的空气组成是否一样，从前的飞行家或旅行家有时候会把他们所到之处的空气带回来实验。他们是用什么方法从诸如高山顶上、飞行高空等处收集到空气样品的呢？他们又是如何确定这空气的确是从高山上、高空中收集来的呢？他们用的就是我刚刚赶走氮气的方法。收集空气时，先准备好一瓶水，到了目的地后将瓶子里的水倒出，于是空气就在水流出的同时进入瓶子里去了。等水流尽后，把瓶子用木塞塞住，便收集到了一瓶空气。"

瓶子里的麻雀

"现在我们要做有关麻雀的实验了。我们刚刚从玻璃钟罩里转移了一满瓶的氮气，现在我们再准备一个同样大小的充满空气的瓶子，将这两个瓶子的瓶口都盖上一片玻璃。从表面上看，这两个瓶子里的物质并没有什么区别。接下来我会将两只麻雀分别放进这两个瓶子里。我想先问一问爱弥儿：假如你是一只麻雀，你愿意住在盛满空气的瓶里，还是盛满氮气的瓶里呢？"

爱弥儿回答："要是一周以前，我一定会说随便哪一个瓶子都可以，因为这两个瓶子里的东西看起来并没有差别。不过现在，我有点儿犹豫。我对氮气不太了解，但凭它能把火焰熄灭这一点，我有些害怕；对于空气我知道得多一些，所以我比较相信空气。如果我是一只麻雀的话，我会更愿意住在盛满空气的瓶子里。"

"记住你的选择，你们马上就能知道住在不同瓶子里的差别了。"

保罗叔叔从笼子里取出麻雀，将其中一只放入盛满空气的瓶子里，另一只放入盛满氮气的瓶子里，然后把瓶口用玻璃盖好，保持瓶中气体的密闭。两个孩子紧张地注视着瓶子，好奇地想知道究竟会发生什么事。盛满空气的瓶子里并没有发生什么特别的事情，麻雀拍着翅膀、啄着瓶壁，它想飞走，但并没有成功。这只麻雀在瓶子里十分活泼，它不断用嘴、爪、翅膀挣扎着想逃跑，除了有些恐惧不安之外，它和别的麻雀没有两样。

然而，盛满氮气的瓶子里的那只麻雀的情况就不同了。它放进去不久，就像是喘不过气的样子，张大着嘴、摇摆着身体，然后一阵抽搐、全身扑倒，无力地挣扎着，最终一动不动，如图9 所示。

保罗叔叔说："我知道，这并不是一个有趣的实验，你们看了之后可能会难过。为了我们的实验而让麻雀受苦，这违背了你们的善良天性。"

保罗叔叔将两只麻雀从实验完的瓶子里取出来，那只放在盛满空气的瓶子里的麻雀还很精神，而另一只麻雀则四肢紧缩，朝天仰卧在桌子上。约尔和爱弥儿望着那只氮气瓶中取出来的麻雀，希望它还能苏醒过来。

保罗叔叔看透了他们的心思，说道："这只麻雀已经死了，你们不要抱着它会再活过来的希望了。"

图9　麻雀在盛满氮气的瓶子里，最终一动不动

约尔忍不住问："氮气是有毒的吗？"

"不，孩子，氮气是完全无毒的。空气的 $\dfrac{4}{5}$ 都是由氮气组

维持生命的氧气

成，我们生活中无时无刻不在呼吸着空气，然而我们并没有因此中毒，可见麻雀并不是被氮气毒死的。"

"那是什么原因呢？"

"蜡烛能在空气中燃烧，却不能在氮气中燃烧。如果我们因此说氮气有灭火的性质，是不准确的。空气中大部分都是氮气，要是氮气真能灭火，那空气中的烛火也就不能继续燃烧了。所以，烛火的熄灭并不是因为氮气能灭火，而是因为瓶子里的气体全是氮气，缺少了燃烧的要素——氧气。简单地说，烛火熄灭不是因为有了氮气，而是因为少了氧气。

"人掉到水里为什么会溺死？是因为水有毒吗？当然不是，我们从来没怀疑过水是有毒的。人在水中会溺死是因为缺少了空气，而水本身与人的溺死是毫无关系的。同样，我们也可以说这只麻雀是在氮气中溺死的。事实上，我们不能说那个瓶子里完全没有空气，因为氮气原本就是组成空气的主要成分，麻雀致死的原因只是由于呼吸时缺少了空气中可以使动物继续生存的另一种成分。这种成分在动物体内能促进某种反应，就像促进烛火的燃烧一样。

"空气的成分除了氮气外，还有氧气，麻雀的死和烛火的熄灭都是因为缺少了氧气。动物的生存与燃烧是极为相似的，它们在没有氧气的地方不能生存，就像烛火在没有氧气的地方不能燃烧一样。要懂得这个联系，我们必须先明确空气中氮气的同伴——氧气的作用。只有明白这一点，才能懂得生命和火焰燃烧的相似性。"

两个孩子互相看着，非常诧异他们叔叔竟然把生命和火焰关联在一起。

保罗叔叔接着说："我所说的话都是以科学观察为根据，没有一句是凭空捏造的。一支蜡烛燃烧的时候，我们虽然不能说它是有生命的，但从化学反应的角度来看，这一情况确实与有生命的个体类似。一支燃着的蜡烛需要氧气来维持燃烧，就像一个活着的动物需要氧气来维持生命。"

爱弥儿问："那么其他动物呢？它们在氮气中也会像麻雀一样死亡吗？"

"所有动物在纯净的氮气中都会死亡，只不过因为动物种类的不同，有的死得快，有的死得慢。因为无论什么样的动物，它们的生存都需要氧气，氧气的作用是其他气体所不能取代的。如果不顾及实验会牺牲多少生命，我们也可以将田野中的许多小生物，比如，田鼠、蚱蜢、蜗牛等都一一放入氮气中，看看它们是会立刻死亡，还是挣扎一段时间才死亡。虽然各种动物都需要氧气，但它们需要的程度却不一样，有的动物在氮气中立刻就昏倒了，比如麻雀；有的却能在其中生存几小时，甚至是几天，但最后的结果仍然是死亡。

"生物没有氧气便不能生存，这一点没有例外，不同的只是抵抗时间的长短。最需要氧气的是鸟类，因为它们的呼吸很短促；其次是有毛动物——比如猫、狗、兔子等——也就是生物学家所说的哺乳动物；抵抗力较大的是蛇、蛙、蜥蜴等，也许经过一个小时它们都不会完全死亡；而最不容易死亡的是昆虫，以及其他形体很小的生物，它们能在氮气中存活好几天呢。

"这是个很重要的事实，我们必须用实验再证明一下。今天早上，我看见捕鼠器逮住了一只老鼠，即使我们不弄死它，它也会成为猫的食物，不如就利用它来做一下实验吧。爱弥儿，你能去把它拿过来吗？"

爱弥儿从捕鼠器中拿来了老鼠。保罗叔叔重新装了一瓶氮气，将老鼠投进了瓶中。老鼠被关进玻璃瓶后，先是在瓶底跑了几圈，它拿嘴用力顶着瓶壁，想要钻出来，除了惊骇、恐惧之外，并没有什么不舒服的样子。过了一会儿，它四肢颤动着倒了下来，好像是睡着了。最后，它突然抽搐了一阵，就死去了。虽然整个过程只有几分钟，但明显比麻雀经历的时间要长。

保罗叔叔说："把这只老鼠拿去给猫吧，我们以后尽量不再做这样的动物实验了。现在，让我们把学到的知识再总结一下：氮气是一种无

色透明的气体，占空气的$\dfrac{4}{5}$。所有物质在氮气中都不能燃烧，燃着的蜡烛伸进氮气中会立刻熄灭。动物在氮气中也不能生存，原因是它们呼吸的气体中缺少了氧气，但这样的死亡与氮气本身没有关系。氮气本身对动物并没有危害，动物不能在氮气中生存的唯一原因是呼吸不到其生存所必需的氧气。"

Chapter 9
燃烧的磷

空气的分离

保罗叔叔又在准备做一个新实验了。桌上的洋铁皮匣子里摆放着装有磷的小瓶，匣子旁边是那个巨大的玻璃钟罩，罩着一只盛有石灰的盆子。

孩子们问："叔叔，你准备的这些东西是用来做什么实验的呢？"

保罗叔叔说："你们现在还没有全面了解我们所呼吸的空气。组成空气的两种主要成分，我们只做了氮气的相关实验，而含量虽少但更为重要的氧气，却只知道它是一种助燃物质。从磷的燃烧实验，你们知道了氧气占空气的 $\frac{1}{5}$；从我们的谈话中，你们知道了物质燃烧需要氧气，动物生存也需要氧气。但是，氧气究竟是一种怎样的气体呢？它单独存在时又有着怎样的特性呢？在接下来的实验中，我会一一为你们解答。

"因为每5升的空气中，就有4升的氮气和1升的氧气，所以我们可以把空气作为原料，来制取纯净的氮气和氧气。空气中的氮气和氧气是混合着的而不是化合着的，我之后会向你们证明这一事实。要把混合物分离开，只需用到简单的方法，但因为这两种气体都是看不见、摸不着的，所以即使是简单的方法，操作起来也并不容易。之前我们把硫黄和铁屑混合在了一起，爱弥儿认为只要多费一点儿时间，一定能把它们再分离开。他是对的——只要我们目光锐利、手指灵活，做到这件事情并不困难。可是，要分离像空气这样的混合物却完全不同。别说组成空气的这两种物质难以被看见和觉察，即使我们能看见，由于其精微的性质，分离的难度也很大。那么我们究竟应该怎么办呢？"

约尔想了想说："之前我们用磁铁，很容易就能将极细微的硫黄粉末和铁屑分离开。现在，能不能也用一种类似的方法分离开组成空气的这两种气体呢？"

爱弥儿点点头说："是的，如果有一种物质，它能吸引空气中的某一种气体而留下另一种气体就好了，就像磁铁那样，吸引铁屑而留下硫黄。"

保罗叔叔说："你们举一反三的能力真不错。你们的回答和我准备采用的方法思路相同，爱弥儿想要的那种物质，其实你们早就见过了。"

孩子们高兴地问："是磷吗？"

"没错，就是磷。当磷在玻璃钟罩里燃烧的时候，它不是吸收了所有的氧气而将氮气留了下来吗？"

"是的，就是这样。"

"这就好像是把磁铁放在铁屑和硫黄的混合物中，它仅仅吸引了铁屑，而留下了硫黄。"

"是的，很像呀！"

"磁铁吸引了铁屑而不能吸引硫黄，所以把硫黄留在了纸上。同样，燃烧着的磷吸引了空气中的氧气而不能吸引空气中的氮气，所以把氮气留在了瓶子里。"

约尔说："我想到了一个分离的方法。磁铁从混合物中吸住了铁屑，然后我们将这些铁屑刷落到了另一张纸上。同样，我们可以先让磷吸住所有的氧气，然后再把氧气从中分离出来。"

保罗叔叔称赞说："这个想法很好，但在现实中却不可能操作。从磁铁上把吸住的铁屑刷下来很容易，但是磷却不可能轻易将它吸住的氧气再分离出来。我说过，磷对于氧气的食量很大，一旦吸住了氧气，除非使用强硬手段，否则是不可能让它再把氧气吐出来的。而在我们简陋的实验室条件下，是无法实施这种强硬手段的。"

约尔有点儿失望地说："既然这个方法不行，那就换一个方向吧。不知道我们的实验药品中有没有和磷的性质正好相反的物质？也就是能吸住氮气、留下氧气的？如果有的话，事情就更简单了。"

"简单是没错，但是——"

"也有问题吗？"

"的确有问题，而且是一个比较棘手的问题。你们要知道，氮气其实是一种奇怪的单质，一般情况下不会与别的单质发生反应。它厌恶化合反应，所以，我们不要寄希望于用别的物质来吸引空气中的氮气，这种想法是行不通的。

"当然，这并不意味着我们要放弃努力。我们可以沿着刚刚第一个方法进行推想。燃烧的磷与空气中的氧气化合之后不会轻易再把氧气放出来，但是，能与氧气化合的其他单质却不都和磷一样，有些物质是很容易将结合的氧气再让给别的物质的。现在，让我们先来研究一下氧气是怎样储存在燃烧过的物质中的，我们依旧用磷来进行实验说明。"

物质不灭

"你们还记得磷燃烧时玻璃钟罩里产生的白烟吗？它当时慢慢消失在了水中。如果我不提醒你们，你们恐怕会误认为这白烟的消失印证了火能消灭一切。虽然我说了白烟并未被消灭，但没有用什么证据来证明。而现在，我会借助这个实验来让你们知道：火是无法消灭任何物质的，它不能改变物质的客观存在，而只能改变物质存在的形态和性状。磷的燃烧实验，一方面能告诉我们物质不灭的原理，另一方面能说明由燃烧而发生的氧气的储存。

"因为磷的燃烧而产生的白烟是极易溶于水的，这在上次的实验中能明显看出来。如果我们想要保存这种白烟，那么磷的燃烧就一定要在没有水的地方进行。因为空气中总是有雨水、露水，所以无论看上去如何干燥的空气，都会不可避免地混杂一些水蒸气，而磷在这样的环境下燃烧所生成的白烟，必然会有一部分溶解在水蒸气里。为了避免这种干扰，我们所用的空气最好也是完全干燥的。

"这种干燥空气可以利用生石灰来得到——生石灰就是刚从石灰窑出来、还没潮解的石灰。我来问问你们：生石灰在空气中放久了会有什么变化？"

约尔说："我知道，会渐渐碎裂成粉末，就像用水洒在生石灰上一样，不过洒水的变化要更快一些。"

"是的，生石灰洒上水，就会碎裂成粉末。将生石灰长久暴露在空气中，也会发生同样的变化，只不过变化得慢一些，这是因为它渐渐吸收了空气中的水蒸气，当水蒸气越聚越多时，就会发生反应。由此可见，生石灰能吸收水蒸气，所以我们可以利用它来获取完全干燥的空气。

"我刚刚已经在一只大盆中放了生石灰，盆子上面罩着玻璃钟罩，这样就能将罩里的空气预先干燥，磷在里面燃烧时产生的白烟就不会消失了。现在实验开始。"

保罗叔叔又在水中切下了一点儿磷，然后小心地用吸墨水纸吸干，把玻璃钟罩微微提起，抽出罩下的大盆，将盆中的石灰换成盛有磷的碎瓷瓦片，并点燃了磷，再立即把它推回玻璃钟罩下面。这次磷的燃烧在最开始时和之前的燃烧并没有什么差别——同样产生了亮光和白烟。不过，燃烧没多久，玻璃钟罩里的白烟都凝聚成了美丽的白色片状固体，像雪花一样纷纷飞舞。不一会儿，盆底已经覆盖了一层雪花般的物质。

保罗叔叔问道："爱弥儿，你说说看，这白色的物质是什么？"

"我正奇怪呢！想不到燃烧还可以产生雪花！不过我知道，它其实不是真的雪，只是磷燃烧而生成的像雪一样的物质。"

"毫无疑问，它是一种另外的物质。我们先让它再多生成一些吧。如果火快要熄灭了，我们就把它再烧旺一些。"

保罗叔叔把玻璃钟罩微微提起，那暗淡下去的火焰便又旺盛地燃烧起来。

他说："如果空气变少，磷就不能继续燃烧了。我把罩子稍微提了提，放进去一些空气，燃烧就重新旺盛起来。让我们再放进一些空气，让罩子里多生成一些奇妙的'雪'吧。"

补充了三四回空气后，玻璃罩子里的"雪"已经积得很厚了。保罗叔叔用铁钳把盛有磷的碎瓦片钳出，放到了外面的花园里，以免让继续燃烧生成的白烟逸散在屋子里，被人们吸入。

他接着说："现在，请你们检验一下盆里的物质。这像雪一样的白色片状固体是由磷的燃烧生成的。燃烧时的火焰没有消灭掉磷，而只是将它变成了像雪一样的物质，这变化十分彻底，如果你不知道'雪'的来历，肯定猜不出它的性质。我再说一次，火无法消灭任何物质，那些因它消失的物质只是改变了存在形式，有的变成了无色透明的气体，有的则成为了有形的其他物质。现在这罩子里可以触、摸、嗅的物质就是由被火毁坏的磷而来；磷虽然经历了燃烧，却依旧在这世界上存在。所以，这个实验告诉我们的第一件事就是：物质是不灭的，火不能消灭一切。"

氧气的储存

"化学实验常常会用到一种极为精确的天平，轻如苍蝇翅膀那样的东西也能在上面称出重量。如果我们有这样一架天平，就可以称出磷在还未燃烧时有多重，并能与燃烧后生成的物质比较。不过，如果真的要这样做的话，必须在玻璃钟罩下操作，并且一直输送空气直到磷完全燃尽，然后，用一根羽毛把这些'雪'刷到一起，再放到天平上去称量。如果称出了燃烧前的磷和燃烧后的磷的重量，想想这两者哪一样会比较重呢？

"误认为火能消灭物质的人会回答说，燃烧后的物质一定比未燃烧的物质要轻，因为火即使没有把磷全部消灭，至少也消灭了一部分。但是，我已经指出过这种错误，而且做过好几次这样的实验，我想你们的回答一定不同。"

约尔坚决地说："我肯定不会像那些人一样回答的。我认为燃烧后的磷比未燃烧的磷更重。"

"能告诉我，你这样判断的理由吗？"

约尔说："很简单，你说过，并且也实验过，物质在燃烧时会与空气中的氧气化合。虽然氧气是一种不可见的气体，但它是物质，是物质就会有重量，虽然这重量极小。燃烧后的磷里已经加入了氧气，它的重量当然会比燃烧前单独的磷更重。"

保罗叔叔称赞道："好孩子，你的回答太棒了。磷的重量前后是相等的，但由于燃烧后的磷还加入了燃烧时所化合的氧气的重量，所以就比燃烧前重了。关于这一点，如果有一架极精确的天平，就能得到比较可信的证据：它会显示出玻璃罩子里像雪花一样的物质比燃烧前的磷重。磷在燃烧时，玻璃钟罩里生成的物质吸收了氧气，并把氧气储存在那里。这时的氧气已经不再是不可见的气体了，它由原本占据着巨大空间的气体变成了固体物质的一部分，可以被看见、被触摸，只占据很小的空间。它已经被化合反应聚集，并且压缩装入小栈房里去了。

"无论哪种物质，在燃烧时都会有相同的化学反应，一旦燃烧，就变成了一个储存氧气的小栈房。要计算燃烧后生成的物质的重量，如果没有遗漏的话，一定会比未燃烧时的物质更重，而这超出的重量是由燃烧时化合的氧气形成的。大部分燃烧后形成的物质都把氧气储存得很稳固，要夺走它必须使用很强硬的手段，但是，其中有些物质却十分容易把氧气放出来。我们以后可以利用这类物质制成比较纯净的氧气，但现在，先让我们结束磷的燃烧实验吧。"

磷燃烧形成的物质

"这些像雪花一样的固体，虽然大部分由易燃的磷制成，但却不能燃烧，即使是在高热的火焰中也不行，因为大多数燃烧过后形成的物质都不会再燃烧了。

磷既然已经与尽量多的氧气化合，那它所生成的物质自然就不能再与氧气化合了，因此其可燃性极低，几乎完全没有，实验可以更清楚地证明这件事。"

保罗叔叔将一些白色固体撒在燃烧的炭火上，他把炭火吹得很旺，但这些白色物质始终没能燃烧起来，可见它已经完全没有了可燃性。

保罗叔叔说："如果你们没有化合物和组成化合物的单质的知识，这个实验会让你们感到奇怪，因为原本很易燃的物质现在却不能再燃烧了。其次，现在盆里的白'雪'一点儿臭味也没有，而磷却有一股浓烈的蒜臭味。不过，我希望你们不要用手去接触这种物质，更不要把它放进嘴里尝味道，它的性质还是很猛烈的，你们一定会痛得叫起来。"

爱弥儿问道："真的有这么可怕吗？"

"是的，非常可怕，它甚至比一滴熔铅落在舌头上的伤害还要大。"

"可是这些白色固体看去并不可怕。"

"我们不能单从外表判断。无害的外观往往隐藏着危险。只有保持警惕，才能有所防备。化学实验室中极少有可口的物质，不过，我还是可以将这些固体溶一些在水中，让你们感觉一下味道，并减轻尝味时舌头的不适。"

说着，保罗叔叔拿起羽毛，将盆里的白色固体刷到了一杯清水中。

固体落入水中发出了嗤嗤的声音，就和铁匠把烧红的铁块立即放入水中一样。

爱弥儿说："它的热度很高吧，不然怎么会发出嗤嗤的声音呢？"

"热不是它发声的原因，这些固体的温度很正常，一点儿都不热。我说过，燃烧后的磷是能溶于水的，当时我用生石灰除去空气中的水蒸气，便是为了得到这种固体物质。而现在我投其所好，把它们刷入水中，因为它们急于溶解，就发出了嗤嗤的声音。

"你们看，这些白色固体已经完全溶于水了。从外观上看，这杯水并没有发生什么变化，但你们试着用一个手指头去蘸一点儿这种液体尝尝吧！——不用害怕，现在你们可以去尝试了。"

孩子们想起了熔铅的比喻，有些迟疑，于是保罗叔叔率先用小指蘸了些液体放到舌头上，约尔和爱弥儿这才敢放心去尝试。

不过这一尝，他们的眉头马上皱了起来，并大声叫道："好酸啊！这比醋还酸！要不是保罗叔叔刚刚用水把它冲淡了一些，真不知道那味道会酸成什么样！"

"你们的舌头现在一定有些酸麻，因为只要是接触到的部分都会被这种猛烈的物质腐蚀，你们可能还听到了嗤嗤声，就像是热铁和唾液在接触。"

"这么酸的物质难道不是醋吗？"

"当然不是，虽然它的味道很像醋。这种物质除了刚刚所说的性质外，还有一种性质也必须提一提。我手边有一些从花园里采来的紫罗兰，把一朵紫罗兰浸在这酸味的液体中，它马上会由蓝色变为红色。事实上，只要是像紫罗兰这样的蓝色的花朵，在这种酸液中都能变成红色。你们以后如果有时间，可以从花园里采集各种符合条件的花朵来一一实验。

"我还要说明的是，其他大部分非金属单质，比如硫、碳、氮等，当它们和氧气化合时——或者说当它们燃烧时——也都能产生一种有酸味的、能够使蓝花变成红花的化合物。在化学上，我们把这样的化合物称

为'酸酐'（即干燥脱水的酸），把它的水溶液称为'酸'。为了表示区别，各种酸酐或酸都加上了组成这种酸酐或酸的元素的名称，比如，从燃烧的磷制得的白色固体和它的水溶液，就被称为磷酸酸酐和磷酸。"

Chapter 10
燃烧的金属

物质的燃烧

花园里所有蓝色的花都用磷酸水溶液试过了，它们都失去了原本的颜色，变为红色，而其他颜色的花，比如，黄的、白的、红的，都没有改变颜色，一点儿变化都没有。他们进行了多次尝试之后，保罗叔叔又叫他们把磷酸拿来进行新的实验。这次准备的用具是一个炽燃的小风炉、一块从干电池上拆下的壳子，以及一把铁制的旧汤匙。此外，还有一瓶手指大小的发着灰色金属光泽的物质，形状好像一束狭窄的丝带。孩子们猜不出这是什么物质，保罗叔叔也没有告诉他们这是什么，他准备在合适的时候再告诉他们。

"在上次的实验中，我们碰到了一个难题，就是怎样制取不含氮气的纯净氧气，我们今天会继续讨论这个问题。我们知道由各种非金属，比如磷，燃烧生成的酸酐，其中储藏着许多从空气中夺来的氧气——这是我们解决问题的第一步。我们今天的实验不但比昨天的更加有趣，而且会让你们感到惊异不已——这是解决这个问题的第二步。只有我们完成这个实验，才能掌握制取纯净氧气的方法。现在我们先来讲讲各种物质的燃烧吧！

"磷的燃烧是非常美丽的，剧烈的火焰、闪耀的光芒，以及像雪片一般的生成物磷酸酸酐，都可以激发我们无限的兴趣。但是，你们用红头火柴时已经看惯了磷的燃烧，所以见到了并不觉得有多么新奇。其实，只要是众所周知的易燃物质，燃烧起来差不多都是如此。但是，今天你们将看到不易燃烧的金属燃烧起来。"

爱弥儿惊诧地说："金属？！"

"没错！就是金属！"

"但金属是不能燃烧的啊！"

"你是听谁这样说的？"

"我虽然没听人说过，但从我经历过的事情来看，我觉得金属是不能燃烧的。火叉、火钳都是用金属制成的，它们即使碰到了最热的火，也没有发生燃烧。火炉也是用金属制成的，在冬季，虽然它被烧得炽热，我也不曾看到它燃烧起来。要是金属真的能够燃烧，那么火炉早就被烧尽了！"

"这样说来，爱弥儿，你是不相信金属能够燃烧了？"

"我无法相信。既然金属能够燃烧，那么水也能够燃烧了？"

"为什么不能？不久之后，我就会展示给你们看，水是能够燃烧的。"

"水能够燃烧？"

"没错，我一定会展示给你们看的，水里其实蕴藏着最好的燃料。"

爱弥儿听到叔叔坚决的话语，便不再说什么了，只是等着看金属燃烧。

保罗叔叔继续说："用铁制成的火叉、火钳、火炉之所以不能燃烧，是因为没有足够高的热度。如果热度足够高，它们也会燃烧起来。其实，你们经常能看到这样的燃烧，只不过没有留心罢了。当我们走过铁匠铺的时候，看见铁匠从熔炉中取出一根烧红的铁条，那根铁条一接触空气，就向各个方向放出像烟花似的明亮的火花，黑暗的铁匠铺也因此被照亮。你们知道这些火花是什么物质吗？那就是铁条表面的一部分铁发生燃烧时飞射出来的。爱弥儿，你现在相信我说的话了吧？"

"我相信了。原来许多看起来不可能的事情，在化学中都变成可能的了。"

"我还要告诉你们，在爆竹厂里制作烟花的时候，如果希望烟火放射出各种颜色的火花，工人们就会将各种金属碎屑混合在火药里。铜会放射绿色的火花，铁会放射白色的火花。每一颗金属碎屑遇到火都会变为一束火花。烟花之所以会放射出五彩缤纷的火花来，便是这个原因。关于铁的燃烧，不久后我要带你们一起到铁匠铺去参观实验，所以在这里我就不多讲了，只举一个明显的例子。

"你们都知道，钢铁或小刀打在燧石上可以产生明亮的火星，这些火星就是被打下来的小铁粒，并因为震动的热而燃烧起来。此外，石匠凿石

子、马蹄踏在石子上也会产生火星，其中的原因也和这个相同。可见，铁能够燃烧实在是一件极普通的事情。"

锌的燃烧

"现在，我来讲一讲另一种金属——锌（Zn）。这是一块从用过的干电池上拆下的外壳，其原料就是锌。它的表面虽然呈灰黑色，但是如果我用小刀划一下，就可以看见它的内部发出的银白色金属光泽。

"我们要让锌燃烧起来——这件事情是很容易的，只要有一些炽燃的炭火就可以了。金属和一般的可燃物，比如硫黄、磷、木炭等，是一样的，有的易燃，有的不易燃。磷一遇到火就会立刻燃烧起来，硫黄比较不容易燃烧，而木炭的燃烧则更为困难。同样的，铁需要达到熔炉的温度才能燃烧，而锌则只要一点儿炽炭的温度就够了。此外，还有一些金属，它们着火比锌还容易，我们不久就可以看到这种金属了。

"现在，我们就来做关于锌的燃烧实验吧。我剪下一些锌片放在铁匙里，再把铁匙放到炽热的炭火上。这个实验将会回答你们的疑问。"

一切都照保罗叔叔所说的进行。不久之后，锌像铅一样很快地熔融了，等铁匙烧到炽热之后，保罗叔叔就把炭火拨到一边，用一根粗硬的铁丝来回在熔锌中搅动，使它能多与空气接触。接着，熔锌产生了炫目的淡蓝色火焰，并随着搅动的快慢变得或明或暗。孩子们十分惊异地看着锌燃烧发出的光芒，又看到从火焰中飞出了一种像鹅毛般的物质，它在空中轻轻飘浮，觉得更加神奇了。这种鹅毛般的物质会使人误认为是秋天早上田野中飘着的白色冠毛。同时，熔锌的表面也聚集了一层极细的白绒，这些白绒受到热气流的影响，有许多飞扬了起来。

保罗叔叔说道："这些白色物质就是燃烧过的锌，也就是已经与空气中的氧气化合的锌，它与锌的关系，就像假雪花与磷一样。我们等它生成得多一点儿后，再来实验它的性质吧！"

约尔替叔叔搅动着熔锌，爱弥儿追逐着那些飞扬着的白绒，他用嘴吹着，但又不让它们飘得太快。白绒轻轻飘扬在室内，好像永远不会下沉似的。不久之后，熔锌燃尽，所有的锌都变成了白绒。当铁匙渐渐冷却，将其中的残烬倾出后，保罗叔叔继续说道："现在，你们已经看到了，燃烧过的锌是一种白色物质，这种物质淡而无味，如果你们把它放到舌头上，也尝不到任何味道。"

爱弥儿还没有忘记磷酸的酸味，所以畏畏缩缩地将它放到舌尖品尝。尝后他肯定地说："确实没有味道，和沙石、木屑差不多。"

约尔接着说："我也尝不出什么味道。真不明白，为什么燃烧过的磷是非常酸的，而燃烧过的锌却是毫无味道的？"

保罗叔叔说："我们不妨来研究一下无味的原因。我将这些白色物质倒在一杯水中，用勺子搅拌搅拌。你们看，它并没有溶于水！你们还记得吗，燃烧过的磷却极易溶解，甚至会发出嗤嗤的声音？

"我们把这些事实梳理一下：燃烧过的磷极易溶于水，具有很浓的酸味；而燃烧过的锌不溶于水，没有任何味道。同样的，食盐和白糖均易溶于水，都有味道，前者为咸味，后者为甜味；石块和砖瓦均不溶于水，两者都没有味道。现在，你们明白这些事实背后的原因了吗？"

约尔说："我明白了，有味道的物质能溶解在水中。"

"没错。只要是有味道的物质，无论这种味道是浓是淡，是甜是酸，是咸是苦，一定都能溶解在水中。而无法溶解在水中的物质，是不会有味道的。因此，一种物质想要作用于味觉，除非它原本就是一种液体，否则肯定会在舌头上留下印象——能溶解在唾液中。一旦物质溶解在唾液中，就会变为非常微小的微粒子，并刺激味觉器官产生味道。我们都知道，唾液的主要成分是水，所以不溶于水的物质就不溶于唾液，不溶于唾液也就

没有味道。请牢记,假如你们将来遇见了一种不溶于水的物质,就不要试图尝它的味道,因为这种物质绝不会有味道。但是,如果它能溶于水,那就一定有味道,不过有时候味道很淡,尝不出来。

"再总结一下:从燃锌制得的白色物质,它不溶于水,毫无味道;从燃磷制得的白色物质,极易溶于水,有着浓烈的味道。"

爱弥儿说:"真的是非常浓烈啊!酸得我连舌头都痛起来。不过,叔叔,请你告诉我,燃过的锌既然无法溶于水,我们无从品尝它的味道,那它是什么味道呢?它会像燃过的磷一样吗?"

"谁也回答不了这个问题,因为谁也没尝过它的味道。我们只能说,它的味道大概不会太好,因为99%的化学药品,味道都是这样。"

镁的燃烧

"现在,我要做另一个金属燃烧实验,这是今天实验中最有趣的部分。实验材料就放在那边的小瓶子里。"

爱弥儿问:"就是那些像丝带似的灰色物质吗?"

"是的。"

"不过,它看起来不太像能燃烧的样子。"

"我们常常会被外表欺骗,让我们来仔细看看吧!"

说着,保罗叔叔从小瓶中拿出了一条灰色物质。它又长又薄、富有弹性,就像是钟表上的发条,用小刀一划会留下痕迹,露出里面闪亮的金属光泽。"孩子们,现在你们知道它的确是一种金属了吧?"

爱弥儿说:"它像是铅或锡。"

约尔说："它更像是锌或铁。"

保罗叔叔告诉他们："你们说得都不对，你们从没见过这种金属，也许连听都没有听说过。"

爱弥儿关切地问："那这种金属叫什么？"

"镁（Mg）。"

"镁——真是一个特别的名字，我们的确没有听说过。"

"你们没有听说过的特别的名字还有很多呢，例如铷（Rg）、钡（Ba）、钛（Ti）。"

"这些也都是金属吗？"

"是的，这些都是金属。因为初次听，你们才会觉得它们的名字很特别。如果你们听惯了，就会觉得这些名字与铜和铅一样普通。我曾说过，金属的数量有70多种，其中很多种金属在日常生活中都用不到，因此我们不太能听到它们的名字。

"我们刚刚已经实验过了，炽燃的炭可以使锌燃烧起来。但镁的燃烧只需烛火一点就可以了，而且一旦燃着，它能自己燃尽，并放出耀眼的光芒。"

爱弥儿问："这种奇怪的金属是从哪里买到的？我也很想买些玩玩。"

"镁不是日常所需的金属，它主要用于科学研究、化学实验以及摄影等方面，只有在药房或科学用品店才能找到它，我们所用到的镁就是从药房买来的。"

这时，保罗叔叔已经点着了烛火，为了使燃烧时所发出的光芒不受日光的影响，他拉拢窗帘后，割了一小条镁，并用钳子夹住一端，将另一端凑近烛火。桌子上铺了一张纸，用来接住从燃烧的金属上落下的物质。那镁条一燃着，立即放射出极其耀眼的光芒，将屋子里所有的东西都照亮了，就像是灯光一样。镁燃烧时没有噪声和火星。孩子们看见了这样的强光，都好奇地注视着它。它继续燃烧，火焰渐渐逼近钳子，落下来的物质看起来就像是石灰粉末。没有几分钟，所有的镁就都燃尽了，发光的火焰也熄灭了。

孩子们的眼睛被强光刺激，他们揉着眼睛高声叫道："真好看！太耀眼了！"

保罗叔叔拉开窗帘，让阳光照进屋里。

爱弥儿还在揉眼睛，他说："我为什么看不到东西了？镁燃烧的火焰几乎要把我的眼睛炫盲了。"

约尔接着说："我的眼睛感到很疲劳，就像盯着太阳看了半天似的。"

保罗叔叔说："等眼睛的疲劳感消失后，就会好起来。"

不久，爱弥儿的眼睛就恢复了，他把刚刚所想的事情说了出来："当镁燃烧时，我正仔细看着烛光，感觉它的火焰比平常暗淡，几乎连看都看不到了呢。"

保罗叔叔问说："如果将烛火放在太阳光里，你还能看见它的火焰吗？"

"看不出来，会非常暗淡，就和在镁的光芒中一样。"

"这是因为我们的眼睛受到强光的刺激后，无法再看见弱光。在太阳的光芒里，我们分辨不出炭火是不是在燃烧。将黑暗中发光的火焰转移到强光中，就显不出它的光芒了。

"现在，你们是否相信了金属是可以燃烧的？炽铁的火星、锌的火焰、镁的强光，都是很好的证据。而且，我们还知道了有些金属燃烧时会发光。如果不是它的价钱太贵，我们甚至可以用它作为照明光源呢，比如，摄影时就用到了镁做发光物质。"

金属燃烧时产生的物质

"现在，我再来研究一下燃烧时所生成的物质。镁燃烧时落在纸上的物质是一种白色固体，就像细腻的石灰粉末，它不溶于水，没有味道，除了含有镁之外，还含有一切物质燃烧后都会含有的相同物质——氧，所以它也是氧气的栈房。我们可以采用恰当的方法从这个栈房里制取氧气——当然这个方法并不容易。

"最后，我们来归纳一下刚刚学到的知识：铁能燃烧，在砧上锤击炽热的铁能产生火星，这些火星就是燃烧的铁。如果我们在铁匠铺里收集这些燃烧后的铁，就可以发现它质地坚脆，能被手指的力量压碎。这种物质或说燃烧后的铁被称为铁的氧化物，简称四氧化三铁（Fe_3O_4）。

"锌可以燃烧，燃烧后变成的白色固体可以像鹅毛一样在空气中飘浮。这种白色物质或者说燃烧后的锌被称为锌的氧化物，简称氧化锌（ZnO）。

"镁可以燃烧，生成物也是一种白色固体，很像是研磨细腻的石灰粉末，摸起来质感光滑。这种像石灰粉末一样的物质或者说燃烧后的镁，就被称为镁的氧化物，简称氧化镁（MgO）。

"根据常理，金属都具有可燃性，但也有少数金属例外。金属在燃烧时和氧气化合，变为一种没有金属光泽的化合物，这种化合物叫'金属氧化物'。就像酸酐是一种已燃的非金属一样，金属氧化物是一种已燃的金属，两者都含有氧元素。"

Chapter 11
盐 类

一种特殊的金属——钙

上次实验中，保罗叔叔将镁燃烧所生成的白色物质用纸包好，以备后续使用。今天，保罗叔叔将这纸包解开给孩子们看。

他说："这种物质如果仅仅从外观看，很像是石灰粉末或是面粉，但就性质来看，它更像是石灰粉末。石灰开始的时候是一种没有固定形状的石块，浸在水中，就会吸收水分膨胀起来，分散为白色粉末，就像燃烧过的镁一样。我们所说的石灰和燃烧过的镁相似，这句话是十分准确的，因为石灰也是一种燃烧过的金属。"

爱弥儿不相信："什么？石灰也是一种燃烧过的金属？我可从来没有听说过石灰是燃烧金属制成的。"

保罗叔叔说："石灰当然不是这样制成的，我们要是真用金属来烧制石灰，那石灰的价钱可就太昂贵了，泥水匠可不敢再用它来混制三合土了。"

约尔说："我知道石灰的制作方法，他们在石灰窑里堆积石子和焦炭，之后点火焙烧，石灰就烧制成了。"

"没错，他们用的石子叫石灰石（$CaCO_3$），其中含有石灰和其他杂质，这些杂质在燃烧时会被火逐出，燃烧后只留下纯净的石灰，并可作各种用途。所以，石灰的确是燃烧过的金属，也就是金属与氧气的化合物——虽然烧制石灰的人并不在意这些知识。石灰的微粒就像是从炽热的铁上飞溅下的屑片，从燃烧的锌中飞出的白绒，从燃烧的镁中下落的白粉。总之，石灰的确是一种金属氧化物。

"当然，钙的燃烧也许早在地球初成时就已经发生了，人们并没有亲自动手制成这种氧化物。而且，自从有人类历史记录以来，自然界里就不曾有人单独发现过制成石灰的金属。这种金属遍地都有，但它几乎全部与别的物质化合而形成各种不同形状的化合物。所以，要想探测到这种金属的存在，是一件很困难的事情。如果想从这种化合物中分离出纯净的金属，是更为困难的。你们看，这是一撮燃烧过的镁，那是一撮粉末状的石灰。请仔细看一看这两种物质有什么区别？"

孩子们认真检验了一遍，说："我们实在看不出区别，这两种物质都是白色的，就像是面粉。"

保罗叔叔道："的确，我也看不出它们的区别。虽然我们明明知道这两样东西是不同的物质，但对于它们相似的外观，我们3个人的看法是一致的。现在，我们认为（其实科学家们也这样认为）这些粉末（石灰）是一种金属氧化物，就像那些粉末是另一种金属（镁）氧化物一样。"

约尔问："那么，石灰中的金属叫什么？"

"叫钙（Ca）。"

"你能不能给我们看一看这种金属钙呢？"

"哎哟，这却很难。我们简陋的实验室可负担不起这种价格不菲的物质。这并不是因为钙的含量少，其实钙随处可见，就连蜿蜒数千里的山脉中都有，但是想要从含钙的化合物中提取出纯净的金属钙，花费却很高。因此，它的价格就昂贵起来了，而你们的叔叔是没有财力购买的。但我可以给你们讲讲它的性质：试想有这样一种物质，白色，有银色光泽，质地柔软如蜡，可用手搓捏造型，这种物质就是金属钙。"

爱弥儿听了叔叔的话，感到非常诧异："钙是一种金属，它可以像一片软蜡或一块泥土一样用手来搓捏造型吗？"

"没错，我的孩子，这种特别的金属非常柔软，可以用手来搓捏，并随意塑成各种形状。"

"那我们就可以用钙捏塑一个银色的小塑像玩了。"

"可是这个小塑像恐怕比银子做的塑像还要贵呢。而且，你们实际上也无法用手来搓捏，因为这种凶猛的物质比你们所见到过的任何物质都容

易起火燃烧。如果你们在搓捏造型时，忽然起火燃烧起来，你们会有什么感觉？"

"当然不会觉得好玩了。"

"那么请你们记住：钙一遇见水就会起火燃烧，炽热燃烧的煤、硫、磷都能被水扑灭，而钙却相反，它会因水而燃烧起来。你们不要以为我所说的话太过荒诞，这可是真真正正的事实。不久之后，我们就会讲一节新课，我将展示给你们看水并不是只能灭火——不过，我并不清楚我的经济能力允不允许我这样做。"

"为什么与你的经济能力有关系呢？"

"因为要做这个实验，就需要购买一种性质和钙很相似的金属。这种金属也能在水中燃烧。"

"那么还有其他金属能在水中燃烧吗？"

"还有三四种。"

"你准备给我们看其中一种吗？"

"还不确定，但我一定会尽力去实现。"

"让我们继续说一说爱弥儿要做塑像的事情吧。你们已经知道，钙接触到水就很容易起火燃烧。由此可以推断，用带着湿气的手来触摸钙是一件十分危险的事情。所以，即使我们得到了钙，也只能把它放在瓶子里储存，绝不能拿出来放在手里当泥土把玩。"

配制石灰水

"现在，我们要再说一说钙的氧化物，也就是石灰。我们都知道石灰有一种独特的味道，是铁、锌、镁等的氧化物没有的，它的味道很浓烈，好像舌头在发烧的样子。所以，燃烧过的磷的味道是酸的，而燃烧过的钙的味道是涩的。再者，石灰之所以引起舌头的不适之感，并不仅仅因为它的涩味，还因为它会腐蚀皮肤。所以如果我们用手来拿石灰的话，拿得久了手上的皮肤就会变得粗糙起来。

"既然石灰有味道，按照常理它应该能溶于水，这也的确是真的。不过它的溶解性很差，只能让水出现涩味。如果我们将石灰和水捣成膏状物，并在水中搅匀，膏状物就会变成乳白色。若是仅溶解较少量的石灰，搅拌、静置一段时间后，凡是未能溶解的石灰都会沉入水底，水又会恢复它原本的样子。在透明的水中，虽然我们看不见其中存在石灰，但是如果你尝一尝水的味道，就能知道它与石灰发出的味道一样。可见，已经有一部分石灰溶解在了水里。这就像糖水没有颜色，但其中含有溶解的糖似的。"

保罗叔叔一边说着，一边用实验来证明自己的话。他叫孩子们去尝一尝石灰水的味道。爱弥儿用手指蘸了一点儿放到舌尖上，他的舌头上便感觉到一阵热辣的涩味。他皱着眉，做出一副要吐的样子，接连吐了几次口水。于是，保罗叔叔又说道："这是我刚从花园里采摘的紫罗兰。我曾给你们演示过，这种蓝色的花朵放在燃烧过的非金属（即非金属氧化物）的水溶液（例如，磷酸）里就会变成红色。你们自己也已经做过不少次这种实验了。现在，我们若是将这蓝色的花朵放入燃烧过的金属（即金属氧化物）的水溶液里，它将会变成什么颜色呢？石灰水将为我们解答。"

石灰水的神奇特性

保罗叔叔把紫罗兰放在一个杯子里，然后倒入一些石灰水。只见这朵蓝色的花变为了绿色。

爱弥儿看见了，非常惊异："化学就像个染料工场，从前你

用一点儿磷酸就把蓝花变为了红色。现在，你又用一点儿石灰水把蓝花变为了绿色。等我将来多学一些化学知识，我一定能制作出各种颜色来做画画颜料。"

"完全可以啊，因为化学能告诉我们怎样将一种无色物质与其他元素化合，变成一种有色物质；它还能告诉我们怎样将一种有色物质褪去颜色或变为其他颜色。其实，制造染料是化学工业中的重要部分，既然现在说到了这个内容，我索性就再说得详细一点儿。我们用酸可以把蓝花变为红色，用石灰水可以把蓝花变为绿色。这两种变化又迅速又彻底，并使你们了解到化学可以使用各种物质制造出许多种不同的颜料，供画家和染色者使用。

"现在，我再将这朵被石灰水变为绿色的紫罗兰浸入一杯含有几滴酸的水中。无论使用什么酸都可以。由于以前由燃磷制得的磷酸已经被你们在做蓝花变红的实验中用光了，所以我们现在将要使用的是一种由燃硫制得的酸，它叫硫酸，我们以后还要详细地讲到硫酸。现在，你们看一看水里的花吧，它已经被酸液又变成红色了，就像从未浸入石灰水中似的。如果再将红花拿出放入石灰水中，它可以再变为绿色。紫罗兰就会像这样循环着遇酸变红、遇石灰水变绿的过程。

"虽然钙的氧化物——石灰有这样的特性，但是铁、锌、镁的氧化物却并不会如此。金属氧化物之所以会有这种不同的性质，与它们是否有味是同一个原因造成的。因为石灰可溶于水，所以它能作用于味觉器官，呈现涩味，也可以作用于蓝花，使之变绿。而铁、锌、镁的氧化物不溶于水，所以无法作用于味觉器官，也不能作用于蓝花，使之变绿。

"可见只要金属氧化物能溶于水，就一定会与石灰一样具有涩味，一定能使蓝花变为绿色。这也的确是事实，毫无例外。"

将刚刚所说的知识综合一下：

非金属和氧气化合成为非金属氧化物（称为酸酐），如果非金属氧化物能溶于水，那么这种水溶液就会有酸味，并且能将蓝花变红，所以它是一种酸。金属和氧气化合成为金属氧化物，如果金属氧化物能够溶于水，那么这种水溶液会有涩味，并能将蓝花变绿。

化学中的盐

"一种酸与一种金属氧化物能化合为另一种化合物，这种化合物的性质必然与酸或金属氧化物不相同。我想你们肯定记得，由两种物质化合而成的化合物，它的性质是与原来的两种物质不同的。磷酸有酸味，石灰有涩味，这两者都是性质很强烈的物质，但是磷酸和石灰化合之后，将变成一种什么样的新物质呢？估计你们永远也想不到，它们化合后将会变成一种无害的物质，是构成动物骨骼的主要成分。

"如果我们把一根肉骨头扔进火中，它会燃烧起来。但是，这时起火燃烧的其实是附着在骨头上的油脂和肉质。等火焰熄灭后，就可以看见骨骼还保留着原本的形状——颜色灰白，质脆易碎，这是骨骼的主要构成成分。因为骨骼中的其他杂质已经被火除去，所以剩下的只有不能燃烧的白色物质了。

"化学知识告诉我们，由燃烧骨骼而制得的白色物质，几乎与磷酸和石灰化合而成的物质一样。如果将白色物质研磨成粉末，品尝一下味道，就可以发现它既不酸也不涩，就好像并不含有磷酸或石灰成分似的。它的水溶液也无法使蓝花变红或变绿。总而言之，几乎没有任何酸或金属氧化物的性质。这种由磷酸和石灰化合而成的物质叫磷酸钙〔$Ca_3(PO_4)_2$〕，俗称磷酸石灰，因为它含有磷、钙、氧3种元素，所以是一

种三元化合物。

"世界上存在着无数与其相同的化合物——由一种酸与一种金属氧化物化合而成。这种化合物在化学上均称为盐，因此骨骼燃烧后所得到的白色物质——磷酸钙，是一种盐，是一种含钙的磷酸盐。"

孩子们听保罗叔叔说到盐，都很惊异："盐是有咸味的，可骨骼并没有咸味，你怎么能说它是盐呢？"

保罗叔叔说："你们要注意，我并不是说它是食盐，我只是说它是一种盐。我们日常生活中所说的盐专指烹调菜肴用的食盐。"

在化学上却用盐泛指一切由一种酸和一种金属氧化物化合而成的化合物。无论它的味道怎样、形状如何、颜色如何，都叫盐。

"盐的味道、形状、颜色可能不太相同。大多数的盐与食盐形状相似，都是无色透明的可溶物质，盐的得名就缘于此。有些盐是蓝色的，它含有铜的氧化物；有些盐是绿色的，它含有铁的氧化物；还有的盐是黄色的、红色的或紫色的，几乎各种颜色都有。而盐在味道上像食盐的却很少，它们有的是苦味的、有的是酸味的、有的是涩味的，大部分都不太美味。而且许多盐是不溶于水的，所以没有味道。例如，骨骼的构成物磷酸钙，建筑房屋的构成物砂石，制作石膏的烧石膏等。"

爱弥儿说："我明白了，从化学的角度来看，构成骨骼的盐、建筑物的盐、制作石膏的盐与食物中的和烹调菜肴时所用的盐完全不同。"

"是的，那是完全不同的。因为化学上所谓的盐是随处可见的。例如，路上的石子、山中的岩石、田野中的泥土，其实都含有盐类。"

"这么说来，盐有很多种。"

"没错，有几种盐的矿藏量很高，是大部分岩石的主要成分。例如，有一种叫碳酸钙（$CaCO_3$）的盐便是其中的一种，它构成了砂石、石灰、大理石以及其他很多矿石。"

"那烧石膏的化学名称叫什么呢？"

"硫酸钙（$CaSO_4$），不过你们可能还不大明白这个化学名称的意义，我们以后会讲到。此刻，我想讲一讲化学的语法。"

"化学有语法？"

"没错，化学有语法。不过爱弥儿，你不要担心，化学的语法十分简单，一学就会。我们先从酸类开始讲。我们知道，燃烧后的非金属溶于水便成为一种

化学语法

酸。例如，燃烧后的磷溶于水，便成了磷酸。根据这个例子，我们就总结出一条化学语法规则：

在组成某酸的非金属名字后面加上一个酸字，就是某酸的名称。

"让我们另外举一个例子，例如氮，我曾经说过，氮气是不容易与氧气化合的，但是如果采用一种巧妙的方法，就可以克服这种困难，而使这两种元素化合。试问这样的酸应该叫什么酸呢？"

爱弥儿道："按照规则，应该叫氮酸吧？"

"没错，不过你们应当注意：在习惯上，人们很少使用氮酸这个名称，它通常被称为硝酸，因为从前这种酸是用一种天然的含氧化合物——硝石制作而成的。还有一种非金属物质叫氯，你们还不曾认识这种元素，不过没有关系，你们尝试按照规则为它组成的酸命名吧。"

"一定是氯酸。"

"非常正确，就是氯酸。"

"哦，这学起来很容易，用碳组成的酸就叫碳酸，用硫组成的酸就叫硫酸，是不是这样？"

"没错，你们已经明白了酸类的命名法。现在，我们再说一说金属氧化物的命名法。锌和氧的化合物叫氧化锌，铜和氧的化合物叫氧化铜。按照这样的规律，只要是某金属和氧的化合物就叫氧化某。不过你们也要注意，人们在习惯上会使用俗名称几种金属氧化物，因为它们的俗名已经沿用很久了，所以在化学上也这样使用。例如，氧化钙的俗名叫石灰，便是这样的例子。

"现在，就剩盐类的命名法没有讲了。我们已经知道盐可以由一种酸和一种金属氧化物化合而成，盐的命名规则也是根据这个事实而来。"

凡是某酸和氧化某化合而成的含氧酸盐，就叫某（非金属）酸某（金属）。例如，碳酸和氧化钙化合而成的盐就叫碳酸钙。

爱弥儿道："我明白了。例如，磷酸和氧化钙化合而成的盐就叫磷酸钙，硫酸和氧化钙化合而成的盐就叫硫酸钙。"

"是的，不过某些盐类如果由一种有俗名的氧化物组成，那么这类盐的名称中就会以氧化物的俗名代替金属名，例如，硫酸或碳酸和氧化钙（即石灰）化合而成的盐，可以不叫硫酸钙（即烧石膏）或碳酸钙（即石灰石）而叫硫酸石灰或碳酸石灰。关于化学语法，我们今天就讲到这里。"

"那是讲完了吗？"

"并没有讲完，但最重要的都已经讲过了。"

"那还是很容易学习的。"

"我早就同你们说过，一学就能会啊。"

Chapter 12
关于实验工具

助燃物质

第二天，保罗叔叔又继续他的话题。

他说："之前，我们曾讨论过制取纯净氧气的问题，但最近几天，我们好像讲了一些与这个问题无关的话题，是不是我们已经忘记这件事情了呢？并没有，我们已经到了可以解决这个问题的时候了。我们知道了大部分的盐是由含氧酸和含氧的金属氧化物化合而成的，所以我们可以利用这种盐制取助燃的氧气。不过，我们还需要仔细选定究竟利用哪种盐来制取氧气。因为几乎大多数含氧的盐都结合稳固，让它们将氧气放出来并不容易，比如，磷酸和氧化锌制得的磷酸锌。化学家告诉我们，含氧盐类中有一种叫氯酸钾的物质，其含氧量丰富，并极易分解。"

保罗叔叔将一瓶像小鳞片一样的透明白色物质放到了孩子们面前。他说："瓶子中的白色物质就是氯酸钾（$KClO_3$），是我从药房买来的。"

爱弥儿道："它很像做饭时用的盐。"

"是的，它们的确有一点儿像。不过它们的性质却截然不同：第一，盐有咸味，而氯酸钾并没有咸味；第二，氯酸钾里含有大量的氧，而食盐里并不含有氧。现在，我想请你们记住一件事：我们之前所说的酸和盐都含有氧，但是化合物中还有一些不含氧的酸和盐，食盐便是一种不含氧的盐类。而且，大部分盐类都有与食盐相似的外观，是无色透明晶体。这种外观上的相似，也是盐类得名的原因。"

"那么按照你所说的，氯酸钾中一定含有助燃的氧。"

"没错，氯酸钾中含有氧，而且含量很高。用这一把氯酸钾粉末可以制取几升纯净的氧气。氧气在这种物质中被压缩得很小很小，而且与别的物质发生了化合。现在，你们能不能尝试运用化学语法将氯酸钾这个物质的意义解释一下？"

约尔说："从氯酸钾这个名称来看，它是由氯酸和氧化钾化合而成的。我没有见过氯酸，但是我知道它一定含有一种非金属氯和一种助燃的氧。至于氧化钾，它当然是含有助燃的氧和一种叫钾的金属。由此可知，氯酸钾是由氯、氧、钾3种元素组成的化合物。"

"没错，你们都没有看见过氯和钾这两种元素。氯是一种有毒的气体，称为氯气，食盐中就含有氯；钾是一种与钙相似的金属，但它的质地比钙更软，碰到水也更易燃烧，在木柴灰烬中就含有钾。但是，今天我们对于这两种元素先不进行详细介绍，你们只需记住：

　　　　所有物质，不论多么普通，只要使用化学的方法检查一下，就可以得到许多新奇的事实。

"现在，我们再来说一说氯酸钾。它是一种极易分解的化合物，只要稍稍加热，就能分解释放出氧气。我们之前说过的红头火柴中有一种助燃物质便是氯酸钾。"

保罗叔叔一边说，一边将一些氯酸钾粉末撒在炭火上面。那些粉末立即产生气泡，渐渐熔化，并使炭火烧得更加旺盛起来，就好像正在用风箱通风似的。

爱弥儿很惊讶："炭火本来燃烧得并不旺盛，为什么撒上一些氯酸钾粉末就会旺盛起来呢？就算你整天使用风箱来扇火，好像也不能使它燃烧得这么旺吧？"

保罗叔叔回答："风箱中扇出的气体只是空气。空气中含有大量不助燃的氮气，而助燃的氧气的分量较少，所以氧气的助燃效果就减弱了。但是，氯酸钾受热分解放出的气体却是纯净的氧气，这便是炭火会炽燃的原因。"

保罗叔叔说着又撒了一些氯酸钾在炭火上，两个孩子仔细观察着这种易燃的物质是如何产生气泡、放出氧气来帮助木炭燃烧的。

119

约尔看过后忽然想起了一件事情，他问："有一天，我在花园里看见潮湿的泥墙上出现了一种白色粉状固体。我用鸡毛将它刷在纸上。打听后，我才知道这种物质叫硝，可以用来制造火药。我曾将这种白色粉末撒在炭火上，木炭也燃烧得猛烈起来，就像刚刚撒了氯酸钾一样。请问硝撒在火上是不是也会释放出氧气来？"

"你在潮湿的墙上收集到的白色物质的确是硝，也就是我昨天所说的可以用来制造硝酸的硝石。在化学上，它被称为硝酸钾（KNO_3）。从这种物质的名称就可以知道，它是一种盐，由硝酸和氧化钾化合而成，所以其中也含有大量的氧。这些氧一部分来源于酸，一部分来源于氧化物。你将它撒在火上，它受热分解释放出氧气。这就是它会使木炭炽燃的原因。由此可知，从泥墙上收集的硝会发生与氯酸钾相同的反应。它们均易分解，分解时均释放出助燃的氧气。但是，我必须告诉你们，硝酸钾并不适用于制取氧气，因为硝酸钾的分解并不如氯酸钾那么容易。要使硝酸钾放出氧，必须加热才能办到，它必须与某种燃烧着的可燃物，如木炭、柴薪等直接接触才有效果。但是，这样制取的氧气立即就会被燃料中的碳元素夺去，化合成另一种化合物。因此，我们依旧无法收集到氧气。但是，氯酸钾只要稍稍加热就可以释放出所含的氧了。"

约尔说："我还有一个问题。"

"你尽管提问，我很喜欢解答你的问题。因为只有经过缜密的思考才能提出好问题。"

"你将氯酸钾撒在炭火上后，它就开始熔化，然后产生气泡，释放出氧气，最后只剩下一些无法燃烧的白色小颗粒。我想问的就是这些剩下的白色小颗粒，它是什么物质呢？"

"你的问题提得很好，这是一个非常关键的问题。这些剩下的不可燃的白色小颗粒是由于氯酸钾受热分解而产生的。试想，氯酸钾中原本含有3种元素——氯、氧、钾，现在消失了一种，就剩下氯和钾两种元素了，它们就化合成为一种与氯酸钾不同的化合物，这种化合物由氯和钾化合而成，所以叫氯化钾（KCl）。

"现在，我趁这个机会给你们讲解一条新的化学语法规则：凡是一种非金属元素与一种金属元素化合生成的化合物一律称为某（非金属）化某（金属）。例如，氯和钾的化合物就称为氯化钾。"

准备制取氧气的装置

"说说制取氧气的方法吧！利用氯酸钾是制取氧气最容易的一种方法，即使是一个实验新手也可以毫无困难地制取成功。开始时，他需要寻找一种玻璃容器，将氯酸钾放在容器里使其分解。如果没有合适的容器，可以用一个低矮的大药瓶代替。不过必须选择玻璃壁薄一点儿的容器，而且需要容器壁厚度均匀，这两者是玻璃受热后而不发生破裂的必要条件。玻璃越薄，它在温度剧变中越不易破裂。请看这个杯子：它的杯底有你们手掌那么厚，但别的地方却很薄，如果之前在杯中盛过热水再倒入冷水，或之前盛过冷水再倒入热水，都有破裂的危险。反之，若是一只厚薄均匀的杯子，使用它做相同的实验就不会有这样的危险发生。所以，现在我们应该选取一个最薄的玻璃瓶，而且玻璃瓶的瓶壁、瓶底必须是同样厚度的。我们的实验能否成功会依赖于这个选择是否到位。"

爱弥儿说："但是，我还是觉得厚一些的瓶子更坚固。"

"如果仅仅就撞击或熔化来说，你的选择是正确的。但是，这个实验并不涉及撞击的问题，因为在做实验的时候，我们不会将这个瓶子撞击任何坚硬的东西。而对于熔化的难易，也不是问题。由于使氯酸钾分解所需要的热量并不能使玻璃熔化，就连软化都达不到呢。不过，我们使用的瓶子必须能承受得住温度的变化，因此应选择薄一些的玻璃瓶。"

"如果盛有氯酸钾的玻璃瓶在炭火上破裂会怎么样呢？"

"那也没什么，只不过氯酸钾会落在炭火上而已。它受热分解出的氧气会使炭火燃烧得特别旺盛。"

"然后，我们要怎么办呢？"

"然后，我们就需要换一个瓶子。要是无法找到合适的瓶子，我们就只能使用化学仪器中特制的烧瓶（如 图10 所示）了。它是一种无色透明的球状玻璃容器，有一个像手指那么长的瓶颈。烧瓶可以在药房买到。这便是我最近买的一个烧瓶。"

"它好像养金鱼的鱼缸。"

"要是有合适大小的鱼缸，我们当然可以拿来使用。不过要将烧瓶中产生的气体通到集气瓶中的弯曲导管，就不能用其他的容器代替了。这种导管也是用玻璃制成的，仪器店里虽然有成品的弯曲玻璃管出售，但价钱非常昂贵。我们完全可以自己动手制做一个。仪器店里有各种直玻璃管，长度多为三四尺。我们只要购买一根铅笔那么粗的无色薄玻璃管就可以了，因为无色的玻璃要比绿色的玻璃更容易烧软。

"现在，我已经买好了直玻璃管，可以按照下面介绍的方法操作了：

图10　球状玻璃容器

第一，想要切取直玻璃管上任意长短的一段，可先用三角锉在要切断的地方锉出一条痕迹，然后两只手拿起玻璃管，放在桌子棱上轻轻一压，玻璃管就可以折为很整齐的两段了。

第二，怎样使这切下的直玻璃管符合这个实验的需要呢？这个操作也很简单，只要将玻璃管上要弯曲的各点先在火上加热熔软，然后慢慢弯曲就可以了。

"如果玻璃易熔，只需要炭火的热度就可以了，不过想要角度弯得准确，则必须使用酒精灯。"

酒精灯是一个用金属或玻璃制成的杯子或容器，内部盛有酒精，就像是旧式的煤油灯，不过它的灯芯更粗，并用棉纱制作。用两手执住玻璃管的两端进行灼烧时，将管上需熔软的点放在酒精灯的火焰上，并不停转动玻璃管，使之受热均匀。当玻璃管熔软至可以弯曲时，就稍稍用力弯曲它，弯曲好后再让它慢慢冷却。

"用一个有孔的塞子将弯曲的玻璃管与烧瓶相连接，所用的塞子必须能与瓶口和玻璃管密合，保证气体不会从孔隙中逸出（如 **图11** 所示）。因为气体是极为微小的物质，能通过极小的孔隙。那密合的塞子要怎样制成呢？

"挑选一个木质细腻、形状完备的软木塞，用重物，例如，石块、锤子等，轻轻敲打几下，使它柔软而富有弹性。然后，在火上将一端磨尖的粗铁丝烧红，纵向穿入软木塞中，穿出一个小孔，再用一种特殊的锉刀将小孔锉大。这种锉刀被称为鼠尾锉，是由于它的外形酷似鼠尾而得名。鼠尾锉的直径不能比玻璃管的口径大。我们可以使用小锉刀（鼠尾锉）将软木塞中间的小孔慢慢锉大，直至刚好能穿进玻璃管为止。现在，再将软木塞拿起来，用粗平锉将软木塞的外侧锉到刚好能插入烧瓶颈中。然后，再用细平锉锉光滑，使之与瓶颈密合。

图11　有塞子的弯曲玻璃管

"你们要注意，在锉软木塞时，是不能用刀子代替锉刀的。无论刀子多么锋利都不成。因为如果软木塞不圆整，就会漏气。而想要实验成功则需要一个密封的软木塞。所以，以后我们的实验室也不能缺少下面4种锉刀：一把细三角锉，用来锉断玻璃管；一把圆形鼠尾锉，用来锉软木塞中

间的小穿孔；一把粗平锉，用来将软木塞锉成合适大小；一把细平锉，用来将软木塞的外侧锉光滑。"

保罗叔叔一边说着，一边做着示范。例如，如何在酒精灯上将玻璃管加热弯曲，如何穿软木塞的小孔，如何使用锉刀，他都一一示范。不久，实验所需的所有工具都已经准备好了。

制取氧气

保罗叔叔说："现在，我们可以开始做实验了。但是，我还必须告诉你们重要的一点：要想使氯酸钾受热分解释放出氧气，原本只需要加热就可以了，不过随着实验的进行，分解作用会逐渐变弱，所以想要使氯酸钾完全分解释放出全部的氧气，我们必须达到能熔融烧瓶的温度那样的热度。但是，这样会将烧瓶弄坏。化学中，可以将一种黑色物质混合在氯酸钾里，起到促进氯酸钾分解的作用，这类物质在化学上称为催化剂，它的作用与机器上所用的润滑油一样。机器上加了润滑油，就可以使机轴灵活，轮轴易于旋转。氯酸钾里加了这样的黑色催化剂，就可以使氯酸钾在较低的温度开始分解。这时，实验只要达到炭火的热度就可以成功了。

"那促使氯酸钾变得易分解的黑色物质是什么呢？它肯定是一种不可燃的物质，或者是一种已经燃烧过的，或已经与氧气化合而无法再燃烧的物质。对于我们这次实验，最好的选择是一种金属氧化物，它存在于一种矿石中，是一种黑色粉末，化学名称为二氧化锰（MnO_2），一般可以在药房中买到，价格也很便宜。锰本身是一种金属元素，就像铁一样。纯净的锰在自然界中存量很少，锰和氧化合可以生成各种不同的金属氧化物，我刚刚所说的二氧化锰便是锰最常见的一种化合物。

　　"现在，我先取一大把氯酸钾粉末放在纸上，再将二氧化锰粉末与其混合，将混合物放入烧瓶中。然后，将带有弯曲玻璃管的软木塞塞入瓶口，并用三角形的铁丝架托住这个装置，再将其拿到炭火炉上加热。

　　"在实验没有开始之前，我们还需要解决一个问题。因为我们要使用盛满水倒立于水盆中的广口瓶收集氧气，所以必须将弯曲玻璃管的一端插入倒立的广口瓶中。但是，这么做的话，广口瓶在实验过程中就不得不倾斜着。要是实验时间太长了，我们一直用手握住它就太费劲了，所以最好还是使用个什么东西将广口瓶悬空地支起来。但如果将广口瓶垫高，如何才能将弯曲玻璃管伸进去呢？这其实是很容易的事情，我们可以使用一个小小的底下有孔的花盆，将花盆的上边敲去一些，使它的高度像茶杯一样，花盆边整不整齐都没有关系，只要倒置于水中时，它的底面是水平的，能够立住一个倒置的广口瓶就可以了。最后，我们将破花盆倒立在水盆中央，将广口瓶倒立于花盆底面的孔上，在花盆边的大缺口处伸入弯曲玻璃管。这个装置就可以收集烧瓶中产生的氧气了，氧气经过玻璃管、花盆，最终汇集到广口瓶里。

　　"孩子们，我们今天的主题已经讲完了，我就是想要介绍清楚我们的装置。我保证明天进行的实验一定可以弥补你们今天枯燥无味的准备工作。现在，请你们去捉一只麻雀。不过我向你们保证：在明天的实验中，我绝不会再弄死小鸟了。"

Chapter 13
氧　气

一把氯酸钾和4瓶氧气

在谈话中，保罗叔叔曾多次提到氧气，但约尔和爱弥儿始终没有弄明白氧气究竟是一种什么样的气体。现在，他们可以看一看闻名已久的氧气了。保罗叔叔要将氯酸钾中的氧释放出来进行各种实验。爱弥儿专心地想着可以助燃的氧气，甚至在夜晚做梦时，他还梦见了烧瓶和弯曲玻璃管在火炉上跳着各式各样有趣的舞蹈，而关在玻璃墙壁里的氯酸钾以及二氧化锰都在好奇地张望。当梦中的幻影变为真实实验时——看到保罗叔叔将烧瓶放到炭火上，爱弥儿不禁笑了起来。

没过多久，虽然烧瓶里的物质并没有发生十分明显的变化，但水盆中的玻璃管末端却已经开始产生气泡了。之前准备的作为支撑物的小花盆，现在早就安放在了水盆中间。之后，将一个容积为2升~3升的广口玻璃瓶盛满水，并倒立在那个花盆底面上，气体就从花盆底面上的小孔中上升至玻璃瓶里，当玻璃瓶里充满了气体之后，保罗叔叔就将一只杯子没入水中，将玻璃瓶口放在水杯里，以保证气体不会散出，如 图12 所示。这样操作完后，他就将充满气体的瓶子连同水杯一齐取出，

图12 配制和收集氧气的装置

准备进行之后的实验。然后，他再将第二个广口瓶盛满水，并倒立在水盆中的小花盆底面上，用来收集气体，当气体充满后，又按照之前的方法取出。这样反复操作几次后他们一共收集了4瓶气体。

爱弥儿说："这一把氯酸钾中确实含有许多的氧呢！"

"的确不少，这4瓶气体总共有10多升呢！"

"这10多升的氧气都是从氯酸钾里分解出来的吗？"

"是的，都是从那一把氯酸钾里分解出来的。我不是说过，这种盐是'氧气的栈房'吗？氯酸钾中不但储存着氧，而且储存量极大。这种气体被化合反应收集并压缩成了小包，储存在那里。现在，烧瓶里的氧气还没有完全释放完，我想把这个罐子也充满呢。"

保罗叔叔说完，就将一个盛放糖果的玻璃罐盛满水，并将它倒着放在水盆中的花盆底面上。孩子们看见叔叔用这种器皿做实验，感到非常好笑。于是，叔叔接着说起来："你们觉得用糖果罐做实验很可笑吗？你们认为它盛过糖果就不能盛氧气吗？这是没有道理的，我们使用了便宜一点儿的东西，但只要适合就没问题。以我们现在的装置，实验的效果一定很好，恐怕在完备的实验室里做也不过如此。

"这里有一个带底的玻璃筒，我要趁烧瓶中的气体还有剩余时，用氧气将这个玻璃筒充满。现在，你们看好了，水中的气泡上升得很缓慢，可知烧瓶中的氧气已经在逐渐减少了。但是，烧瓶中混合物的形状却没有多少变化，其中所剩的二氧化锰还和放进去的时候一样，既没增多，也没减少。可见它不仅仅起到了促进氯酸钾分解的作用，还尽到了机器上润滑油的职责。氯酸钾此时已经失去了所含有的氧，变成昨天我们在炭灰中看到的白色物质了。简单来说，就是它已经变为了和氯酸钾截然不同的氯化钾。好了，现在就让我们使用这些收集来的氧气进行实验吧。我们先将玻璃筒里的氧气用光再说。"

蜡烛复燃实验

保罗叔叔说着就用了之前的方法：在水底下先用手掌将倒立的玻璃筒口掩住，将玻璃筒从水盆中取出来立在桌子上，然后用一片玻璃盖住筒口。之后，他又使用了一根插在弯曲铁丝上的蜡烛头，像氮气实验时一样。接着，他点着了蜡烛头，待蜡烛火焰炽燃后，又将它吹灭了，但在烛芯上的火星却还未完全熄灭。

他说："虽然这个蜡烛头的火焰已经被吹灭了，但烛芯上却依旧有着红红的火星，现在我要将它插入盛有氧气的玻璃筒里，你们仔细看！"

他揭去了筒口的那片玻璃，将蜡烛头伸入圆筒，只听噗的一声，烛焰又燃烧起来了，放出明亮的光芒。然后，他再次将蜡烛头拿出来吹灭，当烛芯上的火星还将熄将灭时，又伸入圆筒。又听见噗的一声，烛焰又重新燃烧起来，放出强光。保罗叔叔就这样试了一次又一次，实验都得到了相同的结果。

爱弥儿看见烛火自燃，拍着手，非常高兴。他说："氧气和氮气是好朋友，但它们的性质却截然不同。氧气能使将要熄灭的物质重新炽燃，氮气却会使炽燃着的物质熄灭。保罗叔叔，你能不能也让我做一次这个实验？"

"当然能，不过我得告诉你，圆筒里的氧气马上就要用完了，每次烛焰复燃的时候，总会有少量的氧气跑出去。"

"但是，那边不是还有4瓶氧气吗？"

"这几瓶氧气我还有更重要的实验要做。"

"那我怎么办呀？"

"你估计只能用糖果罐里的氧气来做实验了，我希望你不要把它当作糖果罐，而是把它当作一个玻璃筒。"

"好的，那也没关系，我听你的。"

"其实，这个实验中使用糖果罐或是玻璃筒，效果都一样。为什么我要用这个糖果罐呢？就是要让你们知道，就算是家用器皿也可以用来做各种有意思的实验。在我们这个小村落中，难以买到我们刚刚所用的玻璃筒，它几乎算是一种奢侈品。实际上，你想要自己做这个实验，只需要一个广口的能伸入蜡烛头的瓶子或罐子就可以。好的，现在你就去做实验吧。"

爱弥儿把罐子放在桌子上，开始做刚刚叔叔所做的实验，将烛火熄了又燃，燃了又熄，连续做了好多次，实验效果比用玻璃筒更好呢。

保罗叔叔说："你瞧，用这个罐子是不是不错？"

"没错，非常好。"

"所以，我们需要注意的不是容器本身，而是容器里所盛放的物质。我们只要把蜡烛头伸入氧气里，它就会复燃，使用玻璃筒还是糖果罐作为盛放氧气的容器都没有太大关系。现在，这个实验结束了，我们将蜡烛头放在氧气里，让它燃烧吧。你们仔细瞧一瞧，它不久就会燃尽。"

果然，蜡烛一没入氧气就猛烈燃烧起来，它的火焰与在空气中燃烧时完全不同，不仅更加明亮，也更加炽热，炽热到将蜡烛上的蜡都熔成了蜡泪滴下来了。而在空气中可以燃烧1小时左右的蜡烛头在氧气中仅仅燃烧了几分钟。最后，烛焰因缺少氧气而熄灭了。

石蕊试纸的特性

保罗叔叔说："在继续做实验之前，我要告诉你们一件事情。我们之所以认识到某种物质是酸类，是由于其具有酸味或能使蓝花变红。但是，依据味道鉴

别酸类实际上是靠不住的，因为有些酸的味道较弱，味觉往往觉察不到。依据让蓝花变红的特性对酸类进行鉴别是比较恰当的一个方法，不过如果鉴别的是弱酸，那么它也可能无法使蓝花变红。化学家们知道在树皮或岩石上生长着一种地衣类植物，名叫石蕊，其所含的蓝色色素对酸类有着十分敏锐的感应。药房将一种疏松的纸浸透在这种色素的溶液中，制成一种实验纸出售，叫作石蕊试纸。

"这种石蕊试纸可以方便有效地鉴别酸类，它遇酸就能很快变为红色，比蓝花更容易呈现变化。这个匣子里的小纸片就是石蕊试纸。现在，我用玻璃棒在硫酸液里蘸一点儿液体滴在这张石蕊试纸上，试纸马上变为红色，这样我们就知道这个瓶子里的液体是一种酸。"

约尔道："如果石蕊色素遇酸能变红，那么它也一定和蓝花一样可以被溶解的金属氧化物溶液变绿，从而使我们鉴别出某种液体是否为溶解了的金属氧化物。"

"虽然你的推测听起来很有道理，但实际上却并非如此。石灰及其他可溶的金属氧化物并不能使石蕊色素变为绿色。不过，石蕊色素遇酸变红，遇可溶的金属氧化物能恢复为原有的蓝色，所以药房出售的石蕊试纸有两种：一种是其原本颜色的试纸，称为蓝石蕊试纸；一种是已经遇酸变红的试纸，称为红石蕊试纸。其实，在实际使用时只要准备一种试纸就可以了，不过考虑到使用时的便利，普通的实验室一般都会准备两种试纸。现在，我蘸了一点儿石灰水滴在刚刚变为红色的试纸上，这张试纸立刻又变为蓝色了。如果我再将酸液滴在这张蓝色试纸上，它依旧会再变为红色。这张红色试纸再遇到石灰水，又会变为蓝色……像这样将试纸从蓝变红，再从红变蓝的情况可以无限反复操作。我们可以凭借石蕊试纸检验某一种物质是酸还是可溶的金属氧化物——能使蓝石蕊试纸变红的物质是酸，能使红石蕊试纸变蓝的物质是金属氧化物。

"如果我们手边没有石蕊试纸，可以使用蓝花来代替它。最好先用锤子将许多蓝花捣烂，之后加水搅匀，制成浅蓝色水溶液，就可以代替石蕊试纸了。这种水溶液遇酸变红，遇可溶的金属氧化物变绿。但是，我们应该注意，弱酸是无法使这种蓝花水溶液变为红色的，所以在真正的实验中，还是使用石蕊试纸最好。"

"不再多说了。现在，我们继续实验。我们要在含有氧气的瓶子里燃烧一些物质，观察它燃烧的样子，先用硫来试一试。

硫黄在氧气中燃烧

"按照之前在盛满氮气的瓶中燃烧磷、硫的方法，我将一片碎瓷片做成一只小杯，又将一根铁丝的一端弯成圆形，并将碎瓷片放入。然后，将铁丝插在一个大软木塞中，这个瓶塞不但可以盖住瓶口，还可以使碎瓷片固定在适当的位置。如果没有软木塞，也可以使用一张圆形的厚纸，铁丝的另一端必须露出软木塞或厚纸，以便于我们升降碎瓷片，使其固定在瓶子的中央，与氧气充分接触。"

保罗叔叔准备好后，就小心地将倒立的大瓶子与杯子一起转移到水盆里，然后在水底下拿开杯子，并用手掌掩住瓶口。按照这样操作，他很轻易地将瓶子取出直立在桌子上，而不使瓶子里的氧气与外界空气混杂。保罗叔叔将一片小玻璃作为瓶盖暂时盖在瓶口，并在碎瓷片里放好了一小粒硫黄。然后，他点燃了硫黄，将铁丝伸入瓶中，那块碎瓷片就被软木塞吊在瓶子中央了。

在一般状况下，硫黄燃烧是很迟缓的，发光也很微弱，所有人都知道这个事实。所以，两个孩子对此刻的燃烧都很吃惊。在实验开始前，保罗叔叔已经将百叶窗合上了，以免日光穿透进来而减弱了硫燃烧时的光彩。硫黄在燃烧时释放出十分强烈的臭味气体，同时放出一种美丽的蓝光，把室内照得像在水底一般。

爱弥儿兴奋地拍手大叫："真好看！真好看！"

硫黄燃烧产生的烟气从瓶中逸出，屋子里飘散着一种使人窒息的异臭，所以当火焰熄灭后，保罗叔叔就将窗子打开了。

他说："好了，硫黄已经将瓶子里的氧气用尽了。现在，我也不必再细说硫在氧气中燃烧的情况，因为你们眼睛所看到的要比我所讲的更准确，它告诉你们，硫在氧气中燃烧所生成的热和所发出的光，与在空气中燃烧时并不相同。现在，我要提一个问题：刚刚燃烧过的硫现在变成什么了？硫和氧气化合变成了什么物质呢？它变成了一种有异臭的不可见的气体，它会使人咳呛，有一部分气体已经散逸在空气中——我们的嗅觉、咳呛都证实了这一点——但大部分气体依旧留存在这个瓶子里。现在，我们要使用石蕊试纸试试，检验它到底是什么物质。不过，我们还需要先将这种气体溶解在水里，因为干燥的物质是不能使石蕊色素发生变化的。我先在瓶子里倒入一些水，震荡一下，使瓶中的气体尽快溶解在水中，然后将水溶液滴在蓝石蕊试纸上。现在，你们看，试纸已经变为红色，这告诉了我们什么？"

约尔说："它告诉我们水溶液是一种酸，也就是硫燃烧变成了一种酸酐。"

爱弥儿接口说道："这个方法真简单。以前，我们想要分辨某种物质是不是酸类，只能用舌头去品尝它的味道，现在用了石蕊试纸之后，我们就可以用眼睛观察了。"

保罗叔叔同意他们说的："那的确是一种很简单的方法，你们想一想，对于一种看不见、感觉不到的物质，我们若是想要知道它是什么物质，是十分困难的。现在，我们可以使用石蕊试纸去检测它的水溶液，实验结果能立刻告诉我们：'这是一种酸。'"

"那它能不能告诉我们这种水溶液是否具有酸味呢？"

"当然可以啊，凡是能使蓝石蕊试纸或蓝花变红的物质，都会有酸味。"

"不过，你怎么能知道石蕊试纸检测出的结果一定是真实的呢？"

"你们可以蘸一些来尝一尝，你们不用害怕，这液体含很多水，味道很淡。"

保罗叔叔先做了示范，孩子们才蘸了些水溶液品尝，感觉它的味道果然有一点儿酸。

爱弥儿说："确实有一点儿酸味，只是味道很淡，不像磷酸那样强烈。"

"虽然它的酸味淡，但既然有酸味，就说明它也是一种酸啊！如此看来，我们的味觉与石蕊试纸是一致的，它们都告诉我们这种水溶液是一种酸，这种酸叫亚硫酸（H_2SO_3），而由硫和氧气化合后产生的使人发呛的臭气是亚硫酸酸酐。"

约尔道："之前，你说到过另一种由硫组成的酸，叫硫酸。是不是硫分别组成了两种酸呢？"

"是的，孩子，硫组成了两种酸，一种含氧较少，一种含氧较多。含氧较少的酸，它的酸性也较弱，称为亚硫酸；含氧较多的酸，它的酸性也较强，称为硫酸（H_2SO_4）。无论在空气中或在纯氧中，硫燃烧时只能夺取定量的氧气而生成亚硫酸酸酐，所以它溶在水里也只能生成亚硫酸。在化学上，我们可以通过另一个间接的方法使硫和氧气尽量化合而生成硫酸酸酐，这种硫酸酸酐溶在水里就成了硫酸。现在，关于硫的知识已经说得不少了，让我们看一看碳在纯氧中燃烧会有什么变化？"

木炭在氧气中燃烧

保罗叔叔将铁丝的一端缚上小指大小的一根木炭，另一端穿过作为瓶盖的圆形厚纸片。之后，他将木炭在烛火上点着一角，随即将它伸入另一个之前准备好的盛有纯氧的瓶子中。

这次实验的现象与刚刚硫在纯氧中燃烧的情况类似。在木炭被点燃的

一角，原本只有一个极小的火星，但是将其放入瓶中，就变为一束明亮、炽热的火焰，并且很快蔓延到全部的木炭，进而将其变为一个高热的小熔炉。它发出白热的光，并向各个方向射出火花，就好像瓶子里关了许多流星一样。从木炭伸入瓶中至完全燃烧，只是瞬间的事情。在空气中即使使用风箱来通风，燃烧也不会发生得这样快。爱弥儿眼都不眨地望着这根炽热燃烧的木炭，说道："在空气中，我也能做出来发出这种热量、光芒和火星的火焰。只要将燃烧的炭火放在风箱口，它也会像在纯氧里一样燃烧。"

保罗叔叔接着说："那当然，风箱中吹出的是空气，也就是混合着大量氮气和少量氧气，虽然氮气减弱了氧气的助燃效果，但是迅速、不断地通风，也可以使木炭像在纯氧里一样炽燃。"

最后，瓶子里的氧气用尽了，木炭的火光渐渐变暗，最终变为黑色。此时，保罗叔叔又打开了在实验前阖上的百叶窗，让太阳光进入屋内。

保罗叔叔说："燃过的碳变为了什么物质呢？我们必须解决这个问题。在这个瓶子里剩下了一种不可见、几乎没有臭味的气体。要是仅仅凭借嗅觉和视觉，我们一定会误以为这瓶子里的物质没有改变。但是，如果我们仔细检验瓶子里的气体，就会发现它与氧气是完全不同的。瓶内的木炭最开始时燃烧得很旺盛，而现在却已经不能燃烧了。那么，如果现在我们用燃着的烛火伸进去，它当然也不能燃烧了。请仔细看一看！我将这燃着了的烛火伸下去，还没到瓶颈，烛火就突然灭了。由此可见，瓶内此刻已经没有氧气了，要是有的话，这烛火一定会燃烧得很旺盛。

"还有一个实验：我在这个瓶子里倒入了一点儿水，然后震荡一下，促使瓶子里的气体尽快溶解在水中，再将一张蓝石蕊试纸放下，试纸变成了淡红色。由此可见，这种水溶液也是一种酸，而这无色无臭的气体则是一种酸酐，它的性质与氧气不同。这点不同显然是由于碳（即木炭）与氧气化合造成的。因此，我们可以推测出这样一个结论：在这无色透明的气体中含有少量又硬又沉的碳。"

爱弥儿赞同道："那是肯定的。不过，如果以前有人对我说这透明气体中含有黑色的木炭，却不为我证明，我是绝对不会相信的。约尔，你说是不是这样？"

"没错，说一种看不见、摸不着的气体中含有碳，我们是很难相信的。如果保罗叔叔没有一步步教我们，而是一开始就这么告诉我们，在这个看不见任何物质的瓶子里有木炭，我们一定会惊讶地望着他不敢相信。可是现在证据确凿，已经没有任何疑问了。这燃过的木炭已经变为气体，其水溶液能使蓝石蕊试纸变红，因此这气体是一种酸酐，这水溶液是一种酸。不过这种酸酐和酸叫什么名字呢？"

"请你们尝试使用一下以前所学的化学语法，自己推导出它们的名字来吧。"

"哦，我都忘记了。木炭就是碳，碳加了一个酸酐就成为碳酸酸酐——这是由碳燃烧所生成的气体的名字，碳加了一个酸就成为碳酸——这是气体的水溶液的名字。"

爱弥儿问："碳酸也有酸味吗？"

"当然，不过它的味道比较淡，而且这瓶子里有很多水，所以它的酸味几乎觉察不出来。蓝石蕊试纸也不能完全变红，只是微微出现一点儿淡红色，原因就是如此。但是将来如果有机会，我一定要通过实验让你们相信碳酸的确是有酸味的。"

铁在氧气中燃烧

"现在，让我们使用第三个盛满氧气的瓶子来做实验吧。我要在这个瓶子里燃烧一些铁，我并不像铁匠打铁一样先在熔炉中将铁烧到炽热，我只用一根火柴就能点燃它，就像点燃爆竹的火

捻一样。"

爱弥儿好奇地问: "铁可以被火柴点燃吗？"

"当然可以，点燃爆竹的火捻也不会比这更容易。这儿有一根旧发条，是我从钟表匠那儿要来的。在进行这个实验时，这种形状的铁是最合适的，因为这样铁就可以最大面积接触氧气。如果没有旧发条，也可以使用最细的铁丝。现在，我用纱布将旧发条上的锈污擦去，并用炭火加热，使发条的质地变软一点儿。然后，我将它绕在一支铅笔杆上形成螺旋形，并将一端钉在一张作为瓶盖的圆形厚纸上，将另一端卷住一两根火柴，并拉长螺旋，使附有火柴的一端可以伸到瓶子中央。如果我们使用铁丝来做实验，也不能省略刚刚说的操作，即用纱布将铁丝擦净，用木杆将其绕成螺旋形，在螺旋形的一端卷上火柴。"

以上准备工作都已经妥当，第三个盛满氧气的瓶子也已经直立在桌子上了，但瓶底还留有两三寸高的水。似乎爱弥儿对于瓶中的水有一点儿不放心: "这个瓶子里还留有一些水呢！"

"是的，这个实验中在瓶中放一点儿水是很重要的，要是没有水，我们还必须倒些水呢。至于水在这里的用处，你们马上就会知道。现在，请把百叶窗关闭，我们要进行实验了。"

等屋子一暗，叔叔便点着火柴，将螺旋状的旧发条伸入瓶子中。于是，火柴立即发出强烈的光芒，不久之后，旧发条也开始燃烧了，飞射出明亮的火星，就像烟花一样。这个以铁为燃料的奇异火焰渐渐向上蔓延，凡是已经燃过的部分都熔融凝聚为小球，闪烁着耀眼的光芒，之后因为小球越积越重，便滴下来落入水中发出咝咝的声音。紧接着，第二、第三颗凝成球状的熔融物也依次从发条上滴落。这种炽热的熔融物在水中没有立即熄灭。要是没有这瓶底的冷水，瓶底的玻璃一定会被熔融物的高热熔穿。

孩子们严肃地注视着铁的燃烧实验。爱弥儿看后，心里有一点儿害怕。熔融小球滴落水里的咝咝声、冷水不能立即将熔融小球熄灭、旧发条燃烧时的情况、火星飞射在瓶壁上的沥沥声等组合成一种奇异的景象。爱弥儿用双手遮住脸，显然认为将会发生什么爆炸。但最后却不曾发生什么爆炸，只是瓶子上添了几条裂痕而已。保罗叔叔说道："这个实验也可以用沙砾完成。"

"爱弥儿，现在你相信铁可以燃烧了吗？"

爱弥儿回答："我相信了，铁是可以燃烧的，并且能燃烧得很猛烈，几乎像烟花一样。"

"你呢，约尔，你对这个实验有什么感想？"

"我认为这实验比镁的燃烧还有趣呢。我们本来就没有见过镁，所以它的燃烧在我们看来倒是没有什么稀奇的。但是，铁的燃烧与镁不同：铁是我们常见的物质，以我们过去的经验来看，铁应该能够抵抗住火。然而现在我却看到它像柴火一样燃烧，这当然会让我感觉特别神奇。并且尤其感到奇怪的是，熔融小球滴落后还能继续在水里发出红光，而不是马上熄灭。"

"这些滴落的熔融物其实并不是铁，而是一种铁的氧化物。我会从瓶子里拿出几颗让你们仔细检查一下。你们看，它是一种黑色物质，手指用力可以把它捻碎，而如果它们是纯净的铁就不会这样。它的脆弱性告诉我们：其中含有别的元素，这种元素就是氧。在铁匠打铁时，你们可以看见从炽热的铁上飞射开的黑色易碎的小鳞片，就是这种物质。它们是经过燃烧的铁，也是经过氧化的铁。你们还要注意，现在瓶子内壁有一层微红色的微尘，这是之前没有的。你们知道这些红色微尘是什么物质吗？或者它们看上去像是什么物质？"

约尔回答："它很像铁锈，至少颜色像铁锈。"

"的确，它就是铁锈，你们应该记住——铁锈是铁和氧的化合物。"

"那这瓶子里是不是有两种铁的氧化物？"

"没错，是有两种，不过它们的含氧量是不同的。落在瓶底的黑色物质含氧量比较少，凝聚在瓶壁的红色粉末含氧量较多。此刻，我不再详说这个问题，因为在不久以后，我就会讲解这个问题。现在，请你们注意看一下瓶底的裂痕和嵌在厚玻璃里的黑色氧化物。"

爱弥儿说："当时，这种氧化物一定很热，所以落入水里还能将玻璃熔软。我曾看见铁匠把烧红的铁放入水中，但铁一到水里就会立即熄灭，而不会像这样子。"

"这么说来，瓶子里是不是必须放一点儿水？"

"没错，不然这个瓶底一定会被熔穿！"

"非但如此，甚至这个瓶子都会因为突然高热而爆裂呢。当第一滴熔融物落下时，瓶子就会破碎，实验就不能继续了。幸亏我们当初留有这一层水。现在，瓶子上虽然有几道裂痕，但还可以继续使用。"

麻雀放入氧气中

桌子上剩下的第四瓶氧气还没用。麻雀在笼子里吃着面包屑，活蹦乱跳着，注视着他们实验。但是现在，它却要亲身经历一下实验了，不过保罗叔叔声明，这次实验绝不会有生命危险。之前，从麻雀的死，孩子们知道了氮气是不能维持呼吸的，又知道火在纯氮气中不能继续燃烧。同样，生命体在纯氮气中也不能继续维持活力。那么，现在这只麻雀又将向他们证明什么呢？它将告诉他们呼吸不含氮气的纯氧将会有什么影响。保罗叔叔将麻雀拿出，放到最后一个盛满氧气的瓶子里。

开始时并没有发生什么特别的事情。过了没多久，麻雀的动作反而比平常更活泼了。它跳着，扑扇着翅膀，跺着脚，啄着瓶壁，就像是患了热病发狂了似的。后来，它急促地呼吸着，胸部剧烈地一起一伏，显然已经精疲力竭了，但它发疯一般的动作不但没有减少，反而增加了。为了保护它的安全，保罗叔叔连忙将麻雀放回笼子里了。几分钟后，麻雀的狂热病才减退了。

保罗叔叔于是说："实验已经结束了。由此可知，氧气是一种可以维持呼吸的气体，动物能在氧气中生活，它的性质与氮气不同。不过，动物在纯氧里的活力非常强烈，甚至会超出常规，你们看麻雀那激动的样子就知道了。"

约尔说："没错，我从没见过这么兴奋的麻雀，简直像是着魔一样。为什么你这么紧张地将它从瓶子里拿出来呢？"

"因为麻雀待的时间再久一些，就会死在里面。"

"那么，氧气也是一种能摧毁生命的气体吗？"

"不，氧气是能够帮助维持生命的。"

"我不懂你的话。"

"想一想燃着的蜡烛伸入纯氧中的情况吧。在纯氧里，它燃烧得非常猛烈，瞬息之间就消耗了许多烛脂，火焰放射出明亮的光芒，并表现出十足的活力，但其燃烧的时间却非常短暂。其实，生命也和烛火一样，生命活力强大，但如果过度使用，是经不起长时间消耗的。我们可以这样概括，动物将自己的身体机器开得太快，所以像一切超速运转的机器一样，顷刻间身体就损坏、停工了。我们刚刚看到的麻雀是多么富有活力，现在又是多么的疲惫啊！无论怎样，若是时间再长一点儿，这台'小机器'就一定要毁了，这便是我急忙将它拿出来的原因。你们好好照顾这只麻雀吧，它明天还有用处。"

Chapter 14
空气与燃烧

配制人造空气

第二天，由于爱弥儿的小心看护，那只疲惫的麻雀已经完全恢复活力了，它和以前一样的活跃、有食欲。因为前一天收集的氧气已经都用尽了，保罗叔叔就让他的侄子们自己再去制取一些氧气和一些氮气。

孩子们听到这样的命令，都特别高兴。他们照着叔叔的样子循序去做，果然获得了极大的成功，这成功一半由于叔叔在旁随时加以指导，另一半由于约尔和爱弥儿动作敏捷。当这两种气体都收集好之后，新的功课就开始了。

保罗叔叔道："氧气是唯一可以维持呼吸、维持动物生命、维持燃烧的气体。但是，昨天的实验已经向你们证明了它的强大能力，所以必须加入一种不活泼的气体来减弱它的威力。喝了过于浓烈的酒是有碍健康的，用水冲淡后就不会了。同样，因为纯净的氧气威力太强大了，不适于呼吸和普通燃烧，所以必须用不活泼的氮气来减弱它，而我们四周的大气就是这样的一种混合物，混合物中的氮气和酒中的水作用相当。

"在玻璃钟罩里燃烧磷告诉我们，空气是由 $\frac{1}{5}$ 的氧气和 $\frac{4}{5}$ 的氮气组成的。现在，我们要反过来做这个实验，就是要用这两种气体组成空气。这个瓶子里是氧气，那个瓶子里是氮气。若是我们将1份氧气和4份氮气混合，当然会制得与我们所呼吸差不多的空气，它可以使蜡烛缓慢燃烧，可以使动物安然呼吸。那么，我们要用什么方法将它们混合呢？

"没有比这更容易的了，我用水充满这个钟罩，然后将一满瓶的氧气用来替代其中的水。我用来作为衡量标准的瓶子是随意选择的。不过需要注意的是，必须选择小一点儿的瓶子，使钟罩能够容纳全部的混合气体。现在，这个钟罩里已经有1瓶氧气了，我再用相同的瓶子将4瓶氮气转移到钟罩里。钟罩里有了5瓶气体——4瓶氮气和1瓶氧气，这就是磷燃烧的实验告诉我们的空气成分。因此，这个钟罩里的气体和我们呼吸的空气几乎是完全相同的，我们可以通过下面两个实验来证明这一点。

　　"我将一个小玻璃筒或小瓶子装满这种混合气体，然后将烛火伸进去，就看见烛火发出正常的光并继续燃烧着，既不太快也不太慢，就和在空气中燃烧一样。可见自从用氮气稀释了贪吃的氧气，它的食欲已经减弱了。

　　"现在，我们再用麻雀来做一个实验。我将钟罩里的气体转移至一个广口大瓶子里，然后将麻雀放入瓶中。你们看看会发生什么特别的事情？完全没有。将麻雀关进这个新的牢房里，虽然它十分惊惶，试图逃走，但并没有出现呼吸困难。它的胸部照常搏动，没有张大嘴喘气。总之，在玻璃瓶里的麻雀和在竹笼子里时一样地呼吸着。由此可见，钟罩里的空气与外边的是一样的。为了使你们确信这一点，我可以让这麻雀在瓶子里多待几分钟，因为它在这种人造空气里，并没有危险。"

　　孩子们非常喜欢这个实验，观察得也非常仔细。看到那只麻雀能继续在他们所造的大气中生活，感到非常诧异。

　　保罗叔叔说："现在，我们已经学习了所有需要知道的知识，该把这只麻雀放了！"

　　约尔拿起瓶子，跑到窗户那里，将瓶盖打开，那只麻雀就扑棱着翅膀飞到邻居家的屋顶上了，也许它是要告诉同伴们，它刚刚在一个化学实验室中的奇遇吧。

　　爱弥儿心想："它将怎么对同伴说呢？它将告诉它们这里的玻璃笼子和在纯氧中的狂热病吗？"然后他又对叔叔说："瓶子里的空气和我们呼吸到的空气是一样的吗？"

　　"是的，几乎完全一样，它是由适当量的氧气和氮气所组成的，能维持蜡烛的火焰和动物的生命。我们用氧气和氮气可以制造像我们呼吸的空气一样的气体。"

　　"我们也能呼吸那只麻雀刚刚呼吸的空气吗？"

　　"当然可以，它和我们周围的空气是一样的。"

氧气与盐

"我感到非常奇怪，我们居然能住在自己用药品、瓶子、玻璃管等工具制造的空气中。而且，还有一件更加惊人的事情：这里所有的氧气居然是从一种含有氧的盐类（氯酸钾）中制取的。你曾告诉过我们，有很多盐是含氧的，只要这种盐不难分解，我们就可以从中制取氧气。让我尤其感兴趣的是那种造屋子的盐。"

"你是指石灰石，也就是碳酸钙吗？"

"没错，就是碳酸钙，是不是它也含有氧？"

"的确，它含有氧，那又怎样呢？"

"如果石灰石含有氧，那能将氧分离出来吗？"

"可以的，不过操作起来很烦琐，实施起来也十分困难。"

"没关系的，只要能分离出来就行。那么，我可以这样想吗：化学知识告诉我们，石灰石能像空气一样为我们提供呼吸用的氧气，这个想法是不是很有趣？"

"你想得有点儿远了，不过从石灰石里的确可以制取氧气，这是一件可以实现的事情。"

约尔听了叔叔回答爱弥儿的话，感觉很奇怪，他问："我们真的能呼吸使用石灰石制造的空气吗？"

"当然可以，只要你们想一想，在氯酸钾制取的氧气所合成的空气中，呼吸器官比我们脆弱的麻雀都能呼吸，为什么我们就不能呢？氯酸钾也是一种矿物质。你们必须知道：有几种元素可以今天变为一种物质，明天变为一种物质，后天变成另一种物质，既不增多，也不减少。趁此机会，我要将这种奇异的变化向你们解释清楚。

　　"石灰窑里烧制石灰石（碳酸钙）时，会产生一种无色透明的碳酸酸酐气体逸散在大气中。你们需要知道：蔬菜、水果和树木等能用绿叶吸收空气中的碳酸酸酐气体来作为食物。这种碳酸酸酐气体有很多来源，石灰窑就是其中的一种。植物吸收了碳酸酸酐气体后，就将其分解为碳、氧两种元素，植物保留碳，而将一部分纯净的氧气返还到空气中。这种氧气逸散开就成了空气的一部分。照这样说，谁能否认在我们呼吸的空气中时常有从石灰石（即建筑用的石子）里产生出的一小部分氧气呢？可见，这种从建筑用的石子里产生的气体有时候的确能维系我们的生命。元素不断从甲化合物转变到乙化合物中，当物质分解时，它们所含的元素就去化合成为别的新物质了。所以，这种可以组成一切物质的元素，一旦脱离了某种化合物，就又会出现在另一种化合物中。只要是氧气，无论它是在空气中，还是从氯酸钾中制取的，还是从烧石膏、铁锈、大理石、石灰石中制取的，都具有相同的性质。在自然界中，它的分量既不会增多也不会减少。因此，这些相同性质的氧气或使铁片生锈，或将柴薪变为灰烬，或制成小石而被舍弃在路旁，或进入血液并循环于动物血管中。谁知道面包中的碳是从哪儿得到的？谁又知道这些碳之前是什么物质或以后会变成什么物质？总之，对于一个气泡中的氧气或一块小小的石灰，我们想要彻底地弄清它们的过去和将来所组成的所有物质，是一件无法实现的事情。"

空气的组成

　　"我们现在再来说说人造空气这件事。刚刚，我将氧气和氮气混合在钟罩里时，你们并没有看见发生了什么反应：没有热，没有光，也没有任何变动，只要

是普遍伴随着化学反应所发生的事情，一件都没有发生。可见，由氧气和氮气放在一起混合而成的空气，并不是化合的，只是混合的。

"但是，我要告诉你们：若是用一种特别的方法将这两种气体化合，就能变为一种与空气完全不同的物质，这种物质的水溶液叫硝酸（HNO_3），性质猛烈，能溶解绝大部分的金属。若是我们的皮肤接触了硝酸，就会变黄，最终一片片地脱落。由此可知，仅仅将这两种气体混合制成空气可以帮助我们呼吸、维持我们的生命；而如果将这两种气体化合制成硝酸，却又可以腐蚀我们的皮肤，谋杀我们的生命。

"我请你们特别注意一下，即使是相同的两种元素组成的两种物质，它们的性质也未必完全相同。以前，你们就见识过这一点，混合的硫黄和铁屑与化合的硫黄和铁屑，不就是不同的吗？

"所以，空气是 4 份氮气和 1 份氧气的混合物。氧气能助燃促进呼吸，而氮气只能冲淡空气中氧气的力量。呼吸作用是怎样的，值得我们仔细研究一下，不过此刻并不是合适的时候，等我们将来学到了某种知识再进行详细讲述。此刻，我们还是来关注燃烧这个问题吧。"

一种物质燃烧时，就和氧气化合了，所以在每个燃烧反应中，必有一种可燃物质和助燃的氧气。

燃烧与通风

"要想使火烧得旺，应该怎么做？我们需要使用风箱，在燃料——木柴、煤、木炭上输送空气。风箱一抽一送，火就会逐渐旺盛起来。煤起初燃烧时为暗红色，接着渐渐转为鲜红色，最终变为白色。这是因为空气为燃料供给了大量的氧气。但是，假设我们想要燃料耐烧，应该怎么办呢？我们必须用灰烬将火遮住，使燃料与空气接触不足。在这种遮蔽物下，燃料的消耗很节省，所以能经历较长的燃烧时间。

"可见，想要火烧得旺盛并产生高热，就必须供给它充足的空气。在烧炭的炉中，燃料被灰烬盖住，与空气不易接触，所以它燃烧缓慢，温度低，但它却能燃烧较长时间。在铁匠铺的鼓风炉中，燃料的消耗极大，那一股股从风箱中扇出的气流，不但使火燃烧得旺盛并产生高热，还制造了一些细小的旋风。你们想一想客室中所装的火炉吧，在清除灰烬、装入燃料、引火点燃后，就会发出轰轰的声音而炽炽起来。"

爱弥儿问："为什么它要发出轰轰的声音呢？"

"我正要给你们解释其中的原因。假设炉膛的门开了，火焰就燃烧旺盛起来，炉膛的门关闭，火焰就渐渐熄灭。这是为什么呢？显然，这是因为当炉膛的门开着时，会有一些物质通过这个入口冲进火炉里，并发出噪声。不难猜到这种物质是什么，试将你们的手掌移近炉膛门边，你们将会感觉到一阵急速的气流，所以这种物质一定是空气，而空气冲进去并从炉底发出噪声的现象，就被称为通风。

"只要是火炉中发出了轰轰声，一定有很好的通风，也就是有大量的空气通过了燃烧着的燃料，所以火焰才会旺盛，并释放出大量的热。一个渐渐熄灭的火炉，它的通风一定很迟缓，空气进去得很慢，火焰也就燃烧得很微弱了。所以火炉旺盛与否完全取决于空气进入炉膛的通畅与否，也就是通风是否有力量。

"现在，我们再来探究一下通风的原因吧。你们都可以看见，在一个热火炉上方，扬着一张燃烧的纸片，纸片的灰烬都向上方飘去，甚至一直飘到天花板的位置。虽然那些灰烬的分量很轻，但是如果没有外力也绝对无法自己飘浮起来。可见灰烬之所以能够向上飘扬，一定是因为被某种上升的气流推动了。

"空气经过燃料，会受热发生膨胀，膨胀后变得疏松，分量变轻，减

149

轻分量就会成为上升的气流。但是，当热空气不断上升，冷空气也必然要不断地补充它的缺失。这些冷空气一旦到了炉膛中，又会因受热而上升。于是，热空气与冷空气就会继续互相交替运动，导致所谓的通风。虽然空气是无色透明的物质，但我们可以从灰烬的飞扬推知气流上升的情况，这就像因水面有浮萍漂浮而知道水在流动一样。

"还有一个实验要做，但要等到生着火炉时做。将手掌大小的圆纸剪成螺旋形的纸带，在这个螺旋形的中心用棉线挂在火炉上方，纸带就会下垂形成螺旋状。如果火炉炽热的话，纸带就会一圈一圈旋转。我们可以这样解释它旋转的理由：纸带表面对于垂直上升的气流而言是倾斜的，所以当热空气不断上升时，纸带的表面就会不断被气流推动。于是，纸带就会不断地向后旋转。风筝上升和风轮转动的原理也是同样的。

"由此可知，空气受热，重量就会减轻，向上升起。同时，冷空气就补充过来，占据空气原本的位置。热空气上升的推动力使我们的螺旋形纸带旋转起来，而飞扬的纸灰也同样是由于这股气流的作用。

"现在，你们应该明白，火炉通风良好的实际意义究竟是什么了。如果烟囱、房间、门外的空气有着相同的温度，那它们绝不会发生通风现象。只有在生着火炉时，烟囱里的空气受热后才会不断上升而引起通风现象。而空气越热，烟囱越高，就越容易出现通风。当热空气上升时，较重的冷空气就会冲入燃烧的燃料中，使它变得炽燃，同时冷空气因受热而向烟囱里上升。因此，当火炉炽燃时，就永远有空气不断地由炉底通向烟囱顶，这股气流中途通过燃料时，必然将其所含的氧气供给燃烧，而等到气流自身受热，其中的氧气和燃料中的碳化合之后，就会伴随着燃烧时的烟贪由烟囱上升，并逸散于外界的空气中。烟囱之所以发出轰轰声就是由于这个原因。

"通风的作用就好像是一只自动的风箱，当空气中的氧气即将用尽时，就立即补充新鲜的空气使燃料继续燃烧。所以，必须依照下述规则来生旺盛的火：让新鲜空气通畅地由炉底经过燃料来助燃，让已经用尽氧气的空气通畅地由烟囱排出，以容纳新鲜空气。"

Chapter 15
锈

金属与锈

在花园里，孩子们看见了一把生锈的旧刀。如果是几周之前，他们对于这把毫无用途的旧铁刀一定不会多加注意——这个东西不但不值得去捡拾，简直连看都不值得去看。但是，自从保罗叔叔讲过了金属的燃烧之后，他们对于事物已经拥有了一种不同的看法，所以这把旧铁刀就被视为一件值得研究的东西了。知识是思想最适宜的滋养。比如，布匹被无知识的人视为毫不重要，有知识的人则会拿来加以考察，并可能从中发现真理。约尔拾起了旧铁刀，注意到上面红色的铁锈很像在盛满氧气的瓶子中燃铁时附着在瓶壁上的粉末。他让弟弟也仔细观察。

他们说："这把旧铁刀不曾在盛满氧气的瓶子里燃烧过，然而它所生成的铁锈却和那根旧发条所生成的一样。这是为什么呢？让我们去问问保罗叔叔吧。"

保罗叔叔在上课时回答了他们："如果将大部分金属擦光了存放，它们的光泽都会渐渐暗淡，表面生成一层像皮一般的物质。若是用小刀切断一片铅，在切面上就会露出银白色的光泽。但是，一段时间之后，这种光泽会渐渐暗淡，最终变为暗灰色，就像铅的其他部分一样。铁、钢也和铅一样：当一件用铁或钢制成的物品刚刚从制造厂中擦亮了拿出来时，它具有很好的光泽，几乎像银色一样。"

当金属在空气中放置一段时间后，色泽就会渐渐暗淡，并在表面上产生有颜色的小点，这些小点逐渐扩大，最后甚至可以布满全部表面，进而深入至金属的内部，我们将这样的反应称为生锈。

"时间久了，铁就会完全变成松脆的红色物质，这也是你们在花园里找到的那把旧铁刀会变成现在这样的原因。

"铅也会生锈，不过情况与铁有一点儿不同，它并不变为红色物质，而会变为暗灰色物质。那些很快布满于铅的新切面上的暗灰色薄层就是铅所生的锈。同样的，锌也会生锈，锌原本为银白色，表面生锈就会变为青灰色。铜也会生锈，铜原本为赤色，表面生锈就变为绿色。由此可见，一般的金属都会生锈。"

为什么金属会生锈

"金属会生锈是事实，那么其中的原因是什么呢？我们不必向远处寻找答案。不久之前，我们看见过铁在盛满氧气的瓶子中燃烧，瓶壁会附着像铁锈一样的红色物质，这种红色物质实际上就是铁生的锈。我们又看见过锌在铁匙中的燃烧，它熔融着火而变为白色物质，这种白色物质实际上可以说是锌的另一种锈。同样的，若将铅置于熔炉中同空气熔融时间长了，也会变为松脆的黄色物质，这种黄色物质实际上可以说是铅的另一种锈。将一张铜皮放在火里，它会由赤色变为黑色，同时使火焰发出绿色的光，这样燃烧生成的黑色物质可以说是铜的另一种锈。总之，这些不同的锈都是燃烧过的金属，它们都由各种金属和氧气化合生成。换句话说，它们都是金属氧化物。

"这种发光放热而化合的金属氧化物，也就是在奇异火花中产生的锈，和在金属表面上缓慢生成的锈是相类似的物质。将一片铁埋在潮湿的泥土里，它的表面就会渐渐生成一层红色物质，将另一片铁放在盛满氧气的瓶子里燃烧，瓶壁也会附着一层红色物质。在上述两个案例中，发生的化学反应是相同的。或者，一片锌在表面生成的青灰色薄层；另一片锌在铁匙中熔融，产生美丽的火焰，燃烧生成像白绒一样的物质。在上述两个案例中，其化学反应的本质也是相同的，两者都与空气中的氧气化合了。大多数锈都是一种金属氧化物，一种燃烧过的金属。在其生成的时候无论是否感觉到热，一定会发生燃烧。不过，在这里，我们应该再举一两个例子。

"一段木头长时间暴露在空气中，就会渐渐腐败：开始时，变为暗黑色；最终，逐渐腐烂为一种棕色木屑。木头的腐烂实际上也是一种迟缓的燃烧，它和发光放热的燃烧只是在速度的快慢上有一点儿区别而已。腐烂的木头也会和空气中的氧气化合，并且释放出大量的热，就像柴薪在火炉中燃烧的情况一样。垃圾堆的内部往往很温暖，潮湿的草堆甚至会热得发烫，这都是其中的植物受空气中氧气的作用发生反应的缘故。腐烂的木头也是这样的：它发生着迟缓的燃烧，极为缓慢地放出热量。"

迟缓燃烧

"而我们为什么感觉不到木头腐烂放出的热量呢？那是很容易解释明白的。假设有一段木头总共腐败了10年，而另一段相同大小的木头只需一小时就能完全烧成灰烬。在这两种情形中，木头都会放出热：前者，因为它的热量要在10年间逐渐散尽，所以我们无法在片刻察觉到它的热。但是后者，因为它的热要在1小时内散尽，所以我们能马上察觉到。可见这两者的化学反应虽然相似，但是它们的反应速度却有很大不同。一段腐烂的木头、一堆内部发热的垃圾、一条燃烧着的树枝——这些都是燃烧（前两者燃烧得十分迟缓，后者燃烧得十分快速）的例子。"

空气中的氧气和可燃固体物质化合与燃烧的区别只在于燃烧的速度而已。

"快速燃烧就是通常我们所说的燃烧，物质能够发光放热；迟缓燃烧就是我们通常所说的生锈或腐败，燃烧时物质不发光，也不放出可被感知的热。第一种燃烧的作用快而时间短；第二种燃烧的作用慢而时间长。

"这种化学反应发生在金属中就叫生锈，发生在植物中就叫腐败。生锈和腐败都是迟缓燃烧的结果。"

金属暴露在空气中，尤其是潮湿的空气中，便会和氧气化合而成为一种化合物，这种化合物我们称它为金属氧化物。

"这个事实可以解释为什么旧铁刀会生成红色的皮，为什么新切开的铅会立刻变得暗淡，为什么内部呈银亮光泽的锌会在表面生成灰色薄层。红色的皮是一种铁的氧化物，铅的暗淡是一种铅的氧化物，灰色薄层是一种锌的 氧化物 。总之，只要是金属与潮湿的空气接触，表面大多会发生迟缓燃烧——生锈。

实际上，铁锈是一种很复杂的含水物质，其主要成分为氢氧化铁；铅锈的成分为氢氧化铅；锌锈的成分为碱式碳酸锌。由于本书写作年代限制，对于这个问题的解释并不准确。

155

　　"几乎所有金属都会发生这样的反应，它们被空气中的氧气腐蚀变为锈。不同金属，产生的锈的颜色不同：铁锈的颜色为黄色或红色、铜锈为绿色、锌锈和铅锈为灰色。不同锈的生成是有难有易的。一般情况下，铁最容易生锈，其次是锌和铅，再次是铜和锡，更难生锈的是银。但有一种金属是不生锈的，就是金。它能永远保持光泽，所以被人们认为是贵重的金属。古代的金制货币和饰物，即使长期掩埋在潮湿的泥土里，依旧能够保持光泽如新，和刚刚制造出来时一样。若是其他金属，可能早就已经完全锈尽了。"

Chapter 16
在铁匠铺中做实验

不怕湿的火药

一天，保罗叔叔带着两个侄子来到村里的一间铁匠铺，想要借这个地方做一个神奇的化学实验。他要向孩子们证明：水里含有一种可燃物质，它是比磷、硫等元素更易燃烧的物质。水能灭火，但现在他要从水里制取一种燃料。约尔和爱弥儿都觉得这是不可能的事情，但又非常期待这次实验。而铁匠对于邻居的离奇企图，感觉十分有趣，于是将他的熔炉、工具以及他自己都完全交给保罗叔叔去指挥。但是，在他那张被烟炱染污了的脸上还是略带有一丝怀疑的微笑。

工作台上摆放着一只盛满水的瓦制缸子和一个玻璃杯，一根很重的铁条被放入熔炉中加热。铁匠拉动风箱，保罗叔叔仔细观察着那根铁条，当铁条被烧得红热后，他就开始说明这次实验将如何进行。

他对约尔说："将杯子盛满水，并倒立在水缸中，然后略略提起杯底，保持杯口在水面以下，我要把这根烧红的铁条插入水中，并放在杯口下面。你不要害怕，我是不会烧到你的手指的。你需要把杯子倾斜一些，让烧红的铁条可以恰巧置于杯口下面。但是，你可不能让杯口露出水面。"

约尔明白保罗叔叔的要求之后，叔叔就急忙将烧红铁条的一端插入倒置在水缸中的杯口边。水沸腾了好一段时间，同时产生很多气泡，上升至玻璃杯底边。

保罗叔叔说："现在，我们收集的气体还不够进行实验呢。你稳稳地拿住杯子，我再来制一些。"

他将铁条来回送入熔炉几次，待其一端烧红之后，再没入水中。每重复一次这样的操作，杯中的气体体积就相应增加些许。虽然实验进行得非常缓慢，但并没有停下来，铁匠不停地拉着风箱，像孩子们一样好奇地想要看一看这个神奇的实验会出现什么结果。在杯子里收集的是什么气体呢？它无色透明，很像空气。但它究竟是不是空气呢？在铁匠的日常工作中，虽然热铁没入水中发出嗤嗤声是常常发生的事情，但他从没关注过这件事情。只有像保罗叔叔那样懂化学知识的人，才会想到从接触热铁而沸腾的水中去收集气体。在铁匠那流着像墨水一样的汗水的脸颊上，此时质疑的笑容已经消失了，取而代之的是一种坚定、兴奋的表情。

后来，保罗叔叔自己用一只手拿住了杯底，将它稍稍倾斜一些，使杯子中的气体慢慢释放出来，另一只手拿了一张纸条，点燃了上升到水面上的气泡。不久之后，从气泡中发出了一种爆鸣声，同时射出火焰，不过火焰非常暗淡，必须站在背光的地方才能看到。因为铁匠铺原本就很暗，所以倒是十分适合做这个实验。噗！第二个气泡又响了，紧接着其他气泡也开始响个不停，很像是微弱的排枪声。

铁匠惊奇地叫着："不怕湿的火药！它一到水面上就爆鸣。请你再做一次，让我看得清楚些。"

保罗叔叔又倾斜着杯子，气泡陆续从水中升起，直至完全释放。

铁匠问："你说的比火药更易燃烧的气体真是从水里出来的吗？"

"这是从被热铁分解的水里制取的。不从水里出来，那它要从什么地方出来呢？我只用铁和水制备了这种气体，但是铁并不是必要的，关于这一点你们不久就会了解，所以这种可燃气体的确是从水里出来的。"

铁匠点点头，说道："化学真是一门有趣的学问！它能使水燃烧，我要是有时间的话，也要学一学化学。"

保罗叔叔接着说："你每天都在实践着化学知识，而且是十分有趣的化学知识呢。"

"化学——我？锤铁、磨刀，这也算化学吗？"

"没错，这些工作中也包含着化学知识，你每天都在实践化学，只是你自己不知道而已。"

"我真的没有想到！"

"我希望将这些工作中的化学知识告诉你。"

"什么时候呢？"

"今天。"

"保罗先生，请让我再问你一下，这种从水里制取的可燃气体叫什么名字呢？"

"这种气体叫氢气，俗称轻气。"

"氢气。哦，我会永远记住它的。等我有了空闲，我还要将你做的实验给我朋友看一看呢。啊，你的侄子可真是幸福，他们每天都可以听到你的讲述。我要是和他们年纪相当，一定要做你的学生。可惜的是，我的年纪太大了，我那长锈的头脑已经读不进书了。现在，你还有什么事情需要我帮忙吗？"

制取氢气

"请再生起火来，将熔炉中的煤烧红。我还要再分解一些水，不过这次我要用煤代替铁，我们制取的还是氢气这种可燃气体——这可以证明氢气的确是从水里来的，它和所用的铁或煤均没有关系。约尔，你把杯子拿好，这个实验的操作方法和刚刚用铁条操作是一样的。"

他们等了几分钟，让熔炉烧旺。然后，保罗叔叔用火钳将炽热的煤拿出并没入水中，放在杯口边，于是又有许多气泡上升至杯底，好像比用铁条时还要多。这样反复操作了几次后，杯子中已经充满了气体。这种气体碰到火就会立刻发出微弱的光并燃烧起来，每次发出一个火焰就能听见一声爆鸣。总之，炽热的煤和炽热的铁有着相同的功效。从此可知，保罗叔叔所说的可燃气体——氢气，的确是从水里来的，而性质各不相同的炽热的铁或煤只不过用以分解水，使其释放出所含的氢罢了。

水中的燃料

铁匠看着保罗叔叔的实验，呆呆地站着出了一会儿神，他想起每天在熔炉边工作的情形。保罗叔叔看透了他的心思，对他说："我问你，你在锻接时需要将铁烧得特别的热，当时你用了什么方法？"

"用了什么方法？我现在正在想，这种方法是不是和你所说的氢气有关。我感觉看过了你的实验，我每天所做的奇怪的事情都可以解释了。那边的壁角有一个水槽，水槽中放着一把长柄布帚，我常用这把布帚在烧红的煤上洒水，以获得用其他任何方法都无法得到的高热。"

"你将水洒在火上，这个方法看起来好像是可以使火焰熄灭，但实际上火却越烧越旺。"

"可不是！对于这件事情，我常常感到疑惑，可是无论如何也想不出它的原因，现在看了关于氢气的实验，就……"

"稍等，我们等一会儿再说这个问题吧。我的侄子们还在疑惑为什么潮湿的煤会烧得更旺呢。请你做一个实例给他们看看吧。"

"当然好，只要是我力所能及的事情，我都愿意做。我很高兴今天竟然有机会做你的学生。"

铁匠拉动风箱，生起了火。他拿起一根铁条放在燃烧的火炉中，等它烧至炽热后，又将它抽出来。

他说："这跟铁条已经烧得炽热，即使现在拼命地用风箱扇风，也不能使它变得更热。而如果要使它变得更热，例如，在锻接时，就必须用布帚在烧红的煤上洒点儿水，不过不能洒太多，因为水太多就会熄灭火焰。"

然后，他将铁条放回熔炉中，并在炽热的煤上洒了点儿水。孩子们站

在铁匠身旁，如学徒般专心观察。他们一定曾经看见过许多次这样普通的操作，只是以前他们就算看见了也不曾加以注意，可是现在，叔叔已经告诉过他们在水中所含的可燃气体——氢气的性质，于是他们对这个事实感到十分有兴趣。只有对于某件事特别注意，才会对其感兴趣。知识为我们周围的一切事物增添了迷人的魅力。

水立即对炽热的煤起反应了。开始时，火舌长长的，火舌下部很明亮，顶部为红色，微微冒烟，但这束长长的火焰突然间缩小并好像窜到燃料中去了。之后，火焰在煤的间隙处吐出短短的火苗，发出亮亮的白光，这些白色火焰的舌头就像是在白昼中不易看到的氢气似的。很明显，火焰的温度很高，因为被白色火焰燃烧的煤发出了炫目的强光。就在此时，铁匠又将铁条抽出来了，这次铁条已不再炽热，而是白热了。只听见它发出一种爆裂的声音，并射出一阵灿烂的火星。

爱弥儿想起了之前做的实验，不禁叫道："这白热的铁条燃烧起来了。"

铁匠说："没错，铁条燃烧了。如果熔炉总是保持现在的温度，那么当这跟铁条长时间被遗留在熔炉里的话，它就会渐渐变小，最终完全燃尽。看一看铁砧四周，散布着许多小片的铁滓，这些铁滓就是从炽热的铁上被锤打下来的。"

"我知道这种铁滓，它就是氧化的铁（四氧化三铁）。"

"我不知道它究竟是不是氧化铁，我只知道它们是已经燃烧过的铁。当我们在炽热的煤上洒水，使熔炉内产生高热时，会生成很多这种铁滓。不过现在，让我们听一听你们叔叔的解释吧。嗨，保罗先生，为什么水能够产生这样的火呢？没有加水，熔炉中的铁只能达到炽热的程度，而加了水，它却能射出炫目的白光。我不明白其中的道理。"

保罗叔叔回答："这很容易理解。氢气是产热量最多的燃料，柴薪、煤炭以及其他任何燃料的火焰，它们的温度都没有氢气的高。氢气是最好的燃料，没有一种物质比它更易燃烧，也没有一种物质比它释放出的热量多。"

铁匠说："现在，我明白了。我将水洒在熔炉中炽热的煤上，水就会被分解，就像之前你把炽热的煤没入水中一样。水分解时会产生氢气，氢气碰到火就燃烧了，又因为氢气是最好的燃料，能够产生大量的热，所以它会使炽热的铁达到白热。我洒水，就相当于我填装了比煤更好的燃料。我说得对不对？"

"完全正确。水被炽热的煤分解，产生了更好的燃料。正如我之前说的，你不是也每天都在做着化学实验吗？"

"是呀，但是我做梦也不会想到这一点。我怎么能知道把炽热燃烧的煤打湿了会产生氢气呢？一定要多读书才能知道这些，但是，对于我这样没有知识的人，一天到晚都忙着叮叮当、叮叮当，总是没有时间来看书。保罗先生，我还有一件事想问你。我听有学问的人说过，在失火时，如果火势很旺而没有足够的水灭火，那么还是不要浇水为好。此时，最好的办法是用什么东西？沙土能压灭它吗？我不知道这件事情和氢气有没有关系。"

"当然有关系。如果在炽燃的火上洒上少量的水，水就会被分解而向火供给更好的燃料——氢气。结果，火非但不会灭，反而会烧得更旺盛，就像你在熔炉中洒水一样。如果你不仅仅将炽热的煤打湿，而是将大桶的水灌下去，那么火就会熄灭。所以要灭火，就一定要用大量的水。"

铁匠说："我和你谈过话，感到真的获益不少。我的熔炉一天到晚生着火，如果你在化学实验上有用得到它的时候，就请尽管过来吧。"

保罗叔叔谢过了邻居，就带着孩子们动身回家了。约尔还从铁砧周围捧回了一把从赤铁上落下的铁渣，准备带回去在空闲时研究。

孩子们回到家，得到保罗叔叔的允许后，就自己去做铁匠铺里的实验了。那种从水里产生的可燃气体使他们感到十分神奇，

简易燃铁实验

所以他们很想再试试，尤其想脱离叔叔的指导，自己独立动手制出一些来。这实在是一个简单的操作，而且也用不到什么危险药品。然而，铁匠虽是一个很和善、很有礼的人，但兄弟俩却不愿太过打扰他，让他浪费太多时间。家里实在是最好的做实验的地点，既不会妨碍别人，又可以随意反复做很多次。但是，这究竟可行不可行呢？

保罗叔叔告诉他们："这个方法当然是可行的。我们可以在风炉里烧红一些木炭来代替煤，再准备一盆水和一个杯子，就可以开始实验了。与铁匠铺里的实验一样，当木炭烧红后，立即使用火钳将它拿出，没入水中的杯口边，就会得到那可燃的气体。这个实验能否成功，就全依赖于你们所用的木炭是否和熔炉中的煤一样热，因为煤或木炭烧得越热，就越能分解更多量的水。最后，我要提醒你们注意别灼伤自己的手指。"

约尔说："你不用担心，我会让爱弥儿拿着杯子，我钳木炭，我一定不会烫伤他的。"

"我还必须告诉你们，假设你们想用炽热的铁来做实验，是无法保证实验一定能成功的，因为你们所用的风炉太小了，不容易将任何形状的铁条烧至炽热。但是，如果你们还是希望试一试，就尽管去做吧，只是别烫伤自己。"

保罗叔叔指导完毕，就让两个侄子自己去做实验了。于是，两个少年化学家在风炉里装上木炭，点着火，将它们烧至炽热。他们很顺利地进行了之后的操作，含有氢气的气泡从水中上升，证明这次的实验已经成功了。约尔睁大眼望着，看见氢气碰到了火就冒出一股蓝色的火焰，与铁匠铺里用炽热的铁来做实验时所发出的微弱的光不同。对于这一点不同，在约尔指出后，爱弥儿也看出来了。

然后，他们又用烧热的铁来进行这个实验。他们找到了一根很细的铁条，在风炉上烧了又烧，花了许多时间，耐心地制得少量氢气。氢气的量只够点燃三四次，而且点火时所发出的火焰微弱得几乎看不出来。于是，他们又重复了几次，结果都与之前一样。但是，他们的实验实际上已经比较成功了，因为保罗叔叔早就告诉过他们不能抱有太大的希望。

Chapter 17
氢 气

制取氢气

使用炽热的铁从水中制取氢气是一种缓慢而烦琐的方法：想要制得少量的氢气，也必须把同样的操作方法反复进行好几次才行。而如果用炽热的炭来代替，虽然能比较快速地得到结果，但所制的氢气却并不纯净，其中还混杂着由炭生成的其他气体，约尔发现的蓝色火焰便由此产生。幸亏他们做这个实验的目的只是证明水里含有可燃的氢。要想在短时间内制取大量的氢气，就需要另想办法了。

保罗叔叔说："现在，我们不能再用炽炭从水中制取氢气了。我们用这个方法收集的氢气，其实是好几种气体的混合物，要明确氢气的性质，必须制取纯净的氢气才行。而用炽热的铁制取的方法也不必再试了，因为这样制取的氢气虽然纯净，但分量却太少了。

"现在，我们需要进行一种极简单的操作就能制取大量氢气，而不必购置工具，比如，熔炉、风炉等，都可以不使用。你们已经了解非金属氧化物遇水会变成酸，又由刚刚的实验知道水含有氢，从此可以推知：只要是酸就必然含有氢。我可以告诉你们，铁不但能分解水，还能分解用水稀释过的硫酸，并且无须加热。铁和硫酸反应，硫酸中的氢就会很容易地分解出来。我还想告诉你们，另一种普通金属锌分解硫酸比铁更容易，不过也需借助水。所以铁、锌都可以用来制取氢气。不过，有锌的话还是用锌最好。如果没有锌，则最好使用铁屑，因为铁屑的颗粒小，有着较大的表面积，与其他物质接触易发生化学反应。

"我在这个杯子里盛了一些水和从用旧的干电池上拆下的几片锌。此刻，杯子里并没有发生什么化学反应，一切都维持原样。但我倒入了一些硫酸，再将它们搅匀，杯中的水就开始猛烈沸腾起来，放出大量气泡升到水面上，一一破裂。这些气泡是硫酸分解出的，它们就是氢气，与铁匠铺里用炽热的铁和水制取的可燃气体完全相同。你们仔细观察！我将一张燃烧的纸接近水面，那些破裂的气泡就立即着火并发出爆鸣声，它的火焰非常暗淡，只有在黑暗中才能看见。气泡持续上升，爆鸣声也噗噗响个不停。"

这种像射击一般的声响和水面上跳跃的火焰已经十分有趣了，但让这两位少年观察家更感兴趣的是：杯中的水并没有在火上加热就已经自己沸腾了，而且杯壁很热，几乎无法用手握住。保罗叔叔早就猜到他们会提出这样的疑问，于是说道："注意看这个杯子！氢气气泡最初在锌片上生成，因为这就是发生硫酸分解化学反应的地方。这些气泡从液体中上升就引起了很大骚动，就像是火上的沸水被气泡所骚动一样。其实，就整体而言，杯子中的液体并没有运动，只是被突然上升的气泡搅乱了，如果你们用一根麦秆向水中吹气，也会有相同的情况发生。所以液体外观上虽然像是沸腾了，实际上却是一种错觉。"

爱弥儿不相信地说："可是杯壁很热呀，我根本无法用手握住。"

"杯壁固然很热，但热度还远远没有达到水的沸点。如果你希望我证明一下这一点，我只要用钳子将锌片取出来。这样，液体就不会再产生气泡了，而会立刻平静下来。"

"可是，液体还是很热。请问杯子底下没有点火，热量是从哪儿来的呢？"

"我懂了，原来爱弥儿对于无火而产生热还有一些疑惑。现在，我来问你，从前我们做硫黄和铁屑的混合物实验时，其瓶壁也十分热，当时我们有没有用到火？泥水匠向石灰中注冷水，其温度也会升高，他用到火了吗？以上的两个例子都是无火而产生热。其中的原因很简单：

只要是发生化合反应必定会释放热量。

"这个杯子的热是另外一个实例：硫酸被分解了，硫酸中的氢被分解出，但同时硫酸中的其他元素却与金属发生相反的反应——化合。产生的热便是由于这个反应导致的。"

收集氢气

"你们已经了解了锌与硫酸反应可以制得氢气，但对于怎样收集这些氢气却并不知道。我们制取氢气所需的物质一共有3种：硫酸、水、锌。硫酸用来供给氢，水用来稀释硫酸，锌用来分解硫酸而放出氢气。在这个实验中，锌与水可以一起放入杯中，不过硫酸必须看情况慢慢加入，若一下倒入太多，反应会过于剧烈，气泡大量生成会导致杯中酸液飞溅，毁损衣服、腐蚀皮肤。并且，我们需要注意加硫酸时，不能将制取氢气的器皿揭开，以防空气窜入，因为氢气和空气混杂会成为一种很危险的混合物。

"这类实验通常会用玻璃瓶作为器皿，瓶里放一小片锌，锌箔更好。可将锌片卷成柱状，从瓶颈伸入。再向瓶中注入足量水，将锌完全淹没。然后用插有长颈漏斗和弯曲玻璃管的软木塞塞紧瓶口。这样氢气的制取装置便完成了（如 图13 所示）。只需将硫酸从漏斗中慢慢加入，就能产生氢气。在产生氢气时，可以不必再加酸，但我们可以在产生氢气太慢时，再加一些硫酸。这个装置很简单，同时也很巧

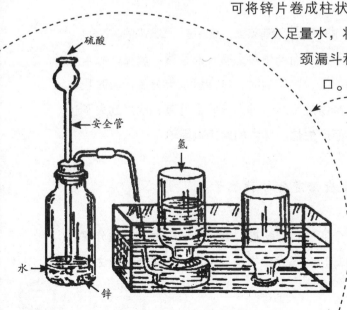

图13　收集氢气的装置

妙，长颈漏斗的下端必须没入水中，以免瓶外的空气从漏斗进入而与生成的氢气混合（我们以后再讲这个原因），但它并不会妨碍注入硫酸。瓶中生成的氢气因为被水挡住不能从长颈漏斗里逸出，所以它只能从弯曲玻璃管逸出。总之，这就好比工厂在工作时只有两扇门：一扇门是长颈漏斗，只能进不能出；另一扇门是弯曲玻璃管，只能出不能进。

"还有一点，假设弯曲玻璃管被什么东西塞住了，或是因为管子太细使瓶中生成的氢气不能顺利通过，那会发生什么情况呢？气体积聚在瓶子里，而不能逸出，就会压迫瓶内的水，使其从漏斗中上升。所以若是漏斗中有液体上升，我们就可以知道这个装置已经发生障碍，出现气体堵积、无法逸出。因此这个漏斗又可当作安全管。不过，只要我们倒入的硫酸不是太多，这种警告是不会出现的。"

保罗叔叔说着便拿出一个广口瓶和一个很大的软木塞。他先将软木塞用锉刀锉小，使之与广口瓶的瓶颈相当，然后在软木塞上钻两个小孔，一个孔里插进上次制取氧气时所使用的弯曲玻璃管，插入的一端透出木塞少许，另一个孔里插进一根直玻璃管，直玻璃管比瓶身略高，插入的一端几乎完全透过木塞。之后，他在瓶子里放了一撮锌片，注入足量水，并将装好的木塞塞紧，甚至用湿泥土将软木塞上的各个接缝都密封上，以防气体逸出。当这些都准备好后，又将弯曲玻璃管的另一端通入了事前准备的一个水盆中。爱弥儿在旁边看着叔叔操作，心里十分快乐，因为他立刻就可以得到大量的氢气，还可以尝试各种实验。但是，当他看见叔叔用直玻璃管代替长颈漏斗时，却感到有点儿怀疑。

他热心地对保罗叔叔说："这是直玻璃管，并不是长颈漏斗啊！"

叔叔答道："是的，因为我们没有长颈漏斗，就只能用直玻璃管来代替了。"

"直玻璃管不仅很细，还不带漏斗，怎么能用来注入硫酸呢？"

"这的确是一个问题，我想问问约尔，看你有没有解答这个难题的办法。"

约尔就说："有的，不过说出来怕你们觉得好笑。我想将一张厚纸卷

成圆锥形，并在锥顶留一个小孔，用来代替漏斗，不知道是不是可行？"

"你的方法非常好。我们这个实验，没有漏斗是绝对成功不了的，你所说的纸漏斗可以代替玻璃漏斗，不过我要告诉你，硫酸是一种破坏力非常强的物质，纸遇到硫酸立即就会被腐蚀。幸亏一张厚纸并不值多少钱，我们在必要时可以随时更换。"

他们就照着约尔说的方式，将纸漏斗固定在直玻璃管上端，使之很容

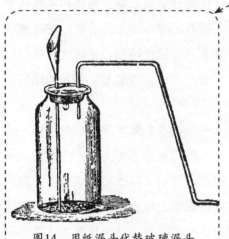

图14　用纸漏斗代替玻璃漏斗
配制氢气

易倒入硫酸，如 图14 所示。现在实验开始了，当硫酸刚刚倒入时，瓶中的水仿佛立刻沸腾起来，氢气从弯曲玻璃管的另一端放出，并在水盆中不断地生成小气泡。孩子们急忙将燃着的纸片靠近有气泡上升的水面，气泡一碰到火焰，就噗的一声冒出灰白色的闪光，这种气体的确是氢气。就算是在一个设施完备的实验室中进行这个实验，也不能获得更好的效果了。

点燃氢气实验

保罗叔叔说："你们已经听过好几回这种小水泡的声音了。现在，我们想要点燃大量的氢气。我在水中溶了一些肥皂，将弯曲玻璃管放出气体的一端没入

肥皂水中。你们应当知道，用麦秆在肥皂水中吹气，会生成大量的气泡。现在，我们将弯曲玻璃管的一端探入肥皂水，自然也会生成大量的气泡，不过这些气泡中的气体却是纯净的氢气。这样操作后，我们就得到了大量的可燃气体，它们分别藏在许许多多的肥皂泡里。我将一张燃烧的纸片接近肥皂泡，肥皂泡中的气体就立刻被点着，发出仿佛鞭炮爆炸似的声音，这爆鸣声比以前响亮，火焰也比以前大，不过所放出的光却还和以前一样是灰白色的。"

在孩子们的请求下，保罗叔叔又做了一次这个实验。这次制成的肥皂泡比之前更大，所以点燃时的爆鸣声也比之前更响。

最后，保罗叔叔说道："我们从这个实验中可以知道氢气非常易燃，我们一将燃烧的纸片接近肥皂泡，肥皂泡内的气体就立刻被点燃。现在，我们要做另一个实验来说明虽然氢气自身可燃，但却能灭火。氢气的易燃性是其他物质所不及的，任何燃着的物质一旦没入氢气中，却会立刻熄灭。将烛火伸入盛满氢气的瓶子中，火焰熄灭的速度之快就像是在盛满氮气的瓶中一样。我们现在就来证明这个事实。我将弯曲玻璃管的一端没入水盆中，用广口瓶或玻璃筒收集放出的气体，就和制取氧气时一样。"

氢气灭火实验

保罗叔叔看到气体充满广口瓶，接着说道："这个广口瓶已经充满氢气了。现在，我将它从水中拿出来。"

说完，他便拿住瓶底，让它依旧倒立着从水盆中被慢慢提起来。在孩子们看来，这样操作似乎是一种疏忽。

孩子们惊奇地说："你这样做，不担心气体掉落下去吗？瓶口向下，

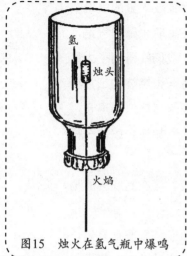

图15　烛火在氢气瓶中爆鸣

而且没有安塞子。"

"不会的，孩子，氢气是不会掉下来的，它比空气轻很多，只能向上升，不能下落。所以我们想要防止它逸出，只需拦住它上升的通路，而不用拦它下降的通路，我倒拿着广口瓶，就是这个原因。现在，我将一根燃着的蜡烛伸入瓶内（如 图15 所示）。你们看一看！瓶口的氢气立刻发出轻微的爆鸣声而燃烧起来，火焰渐渐在瓶内上升，至于那蜡烛的火焰，刚刚伸入瓶内便立即熄灭了，和在盛满氮气的瓶里完全一样。"

在孩子们看来，这个现象似乎很难理解：他们不懂为什么一种可燃气体可以灭火。但是在叔叔解释后，他们觉得其中的原因也是十分简单的。

他说："让我先将之前多次讲过的关于燃烧的原理再说一遍：一切燃烧都是空气中存在的氧气和某种物质所发生的化合反应。在没有空气的地方，任何物质都无法燃烧。烛火伸入盛满氢气的玻璃筒中之所以会立即熄灭，就是因为那里没有能够助燃的气体，虽然氢气自己能够燃烧，但它并不助燃，所以并不能维持蜡烛的燃烧。并且，氢气的燃烧也要依赖于空气的帮助，它最初的燃烧仅仅是位于瓶口的一部分氢气，因为那里存在着空气。之后，瓶口的氢气渐渐燃尽，附近的空气就会涌过来填补这个空缺，所以火焰就会向筒底上升。

"氢气约比空气轻14倍，这是用非常精确的化学天平称量出来的，这种天平能够称出一根头发的重量。虽然氢气是一种非常轻的气体，但它还是有一些重量，1升氢气约重0.1克。1升水的重量为1000克，相当于同容积氢气的1万倍。自然界中最重的物质是一种金属，它叫 锇 ，约比水重22.5倍，约比氢气重22.5万倍。其余的物质，有轻有重，均排

从密度看，蓝灰色的金属锇是金属中的冠军，锇的密度为22.48克／立方厘米，相当于铅的2倍，铁的3倍，锂的42倍。1立方米的锇就有22.48吨重。

列在两种极限重量之中。因为实验室设备的原因，我们不能将以上的事实一一证明，但我们可以用简单的实验来证明氢气的确要比空气轻得多。

"你们刚刚已经看见拿取盛满氢气的广口瓶的方法——要防止氢气逸出，必须将瓶口向下。因为氢气是非常轻的气体，会从上方逸出，所以我们要想禁锢它，就必须拦住它向上的去路。现在，我们来证明一下这是不是真的：将瓶口向上，筒内的氢气就会完全逸出。"

广口瓶中再次充满了氢气。拿起瓶子直立放在桌子上，大家静静地等待着，并没有看见有什么物质出来，也没有看见有什么物质进去，就算是视力极佳的人也没有看出两种气体的互相交替。

后来，保罗叔叔解释道："我们已经等了许久。现在，瓶里的氢气已经完全释放出了，留下的位置早被空气占据了。"

爱弥儿问："你是怎么知道的？为什么我没有看出一点儿变化？"

"快看——我当然也看不出来，就算是我们3双眼睛一起看，也无法发现这个秘密，但是烛火却能告诉我们一些用眼睛看不见的事实。如果烛火能在广口瓶里继续燃烧，我们就知道瓶内的气体已经变为空气了，若瓶口的气体燃烧，而烛火却熄灭了，那就表示瓶内还有氢气存在。"

将一根燃烧的蜡烛头伸入瓶中，他们看见蜡烛头在瓶中依旧可以继续燃烧，就像是在瓶外一样。这证明了瓶内的氢气已经全部逸出，另一种较重的气体已经占据了它的位置。

保罗叔叔又说道："如果我们将一碗油倒入一桶水中，会发生什么？就水而言，它比油更重，势必压开碗中的油，而去占据这个空间；而就油而言，它比

制取氢气
肥皂泡

水更轻，势必浮于水面上。那么，当广口瓶直立时，氢气和空气的行为也与上面所说的油和水一样。但是，我还有一个更加有趣的实验可以证明氢气比空气轻，仅仅使用几根麦秆和一小杯肥皂水，我们就能展示出氢气的重量有多么小。将麦秆一端蘸些肥皂水，然后在另一端轻轻吹气。这不就是爱弥儿常常做的吗？"

爱弥儿抢着说："你是说吹肥皂泡吗？哦，那可真有意思！用麦秆吹一个小气泡，它会渐渐地大起来，要是吹得好，它可以像苹果一样大呢。而且，在肥皂泡的外膜上有各种色彩——红、绿、蓝……就像天空中的彩虹一样——比花园中最美丽的花朵还要美。可惜的是，它不久就会破裂，让一切红、黄等色彩在瞬间消失，而不能升上天空！这是美中不足的缺憾。"

保罗叔叔说："那这次我可以让你看一看十分完美的肥皂泡了，就像你所希望的那样能飞得很高。"

"那真是太好了。"

"你先按照平时的方法吹一个肥皂泡给我们看看吧。"

爱弥儿拿起一根麦秆，蘸了蘸准备好的肥皂水，轻轻吹出许多气泡，其中最大的一个气泡就像拳头那么大。当这些气泡的容积渐渐增大时，水膜会逐渐变薄，反射出彩虹般的光彩，但是一旦与麦秆脱离，这些气泡就会慢慢飘落在地板上，没有一个能飘起来。

保罗叔叔说："这样制成的肥皂泡是无法飘起来的，因为这些气泡中所含的气体依旧是空气，与气泡四周的空气没有区别，所以它们既不会上升，也不会下降，但是，肥皂水做成的薄膜却比空气重，这点重量使它们非但不能上升反而会下降。所以，如果我们想要使肥皂泡上升，就必须在肥皂泡内填充比空气轻的气体，而且它不但可以抵消肥皂泡膜的重量，还可以排开空气而上升，这种气体就是氢气。"

爱弥儿问："不过我们要怎么样才能将氢气装入肥皂泡里呢？我们并不能用嘴将氢气吹进去啊！"

"我们可以借用生成氢气的瓶子来吹，先将瓶上的弯曲玻璃管换为直玻璃管，再用湿纸条包裹住麦秆一端，把它插入直玻璃管里，使这个瓶子有一个小小的出口。这时候，我们只要时常蘸一蘸肥皂水滴在麦秆顶端，就可以看见那吹出的许许多多的气泡。这些气泡中都充满着氢气。"

　　保罗叔叔说完，就这样做了。果然，在麦秆顶端连续不断地生成了大量气泡，有大有小，向空中飞起来。有几个特别大的气泡脱离了麦秆顶端，很快向空中飞去，有几个在中途就破裂了，有的一直飞到屋顶的天花板才被撞破。孩子们呆呆地看着出了神，他们看着每一个氢气球，看着它从麦秆顶端出来，渐渐长大，呈现出各种色彩，然后脱离麦秆向屋顶上升，等碰到天花板便立刻破裂。紧接着，第二个、第三个氢气泡又飞了起来（如 图16 所示）……约尔在思索，而爱弥儿则特别兴奋。

图16　会吹氢气泡的装置

　　保罗叔叔说："我要介绍给你们一个更为有趣的化学小游戏，尝试在竹竿上绑住一个蜡烛头，将蜡烛点燃，然后拿着它去接近那些飞扬着的气泡。"

　　爱弥儿急忙按照叔叔的指示，将蜡烛头绑在竹竿顶上，点燃了拿去捉一个正在飘的氢气泡，噗的一声，气泡在空中化为一束火焰，忽地不见了。爱弥儿没有料到会发生这样的事情，被吓了一跳。

　　保罗叔叔问道："你受惊了吧？你忘记了氢气是极易燃的气体吗？充满氢气的气泡碰到了烛火是肯定会燃烧的啊。"

　　"是的，这是很简单的道理，可我之前并没有想到。"

　　"既然你现在明白了这是必然的结果，那么我们就来多试几次吧。"

　　这个实验重复做了几次后，爱弥儿等气泡未上升到天花板时，就将烛火凑过去点燃它。由于他的动作非常敏捷，没有哪个气泡能逃过他的"法网"。这个实验证明了氢气的易燃性，而从不随意提问的约尔，最后也打破了沉默。

　　他问："我们的氢气肥皂泡撞到天花板上就会立即破裂。要是没有天

175

花板阻拦，它们会飘得很高吗？它们可以飘到哪儿去呢？"

"在空旷的场所，只要它们不在中途破裂就可以飘得很高。不过，肥皂泡膜是很薄、很脆弱的，只要略为受力就会破裂。然而，在晴朗的天气中，它们能上升到我们看不见的地方。今天的天气这么好，我们可以立刻到室外去实验一下。"

他们把制取气泡的装置带到室外，照样吹出了气泡。其中，许多气泡上升到屋顶就破裂了，但是另有少数气泡竟然上升到了看不到的地方。没过多久，就连视力很好的爱弥儿也分辨不出天空中到底是气泡还是蓝天了。

爱弥儿问："它们能飞得非常高吗？"

"我认为不会，它们只能上升到100米左右吧，不过由于它们形状微小、质地透明，在这个高度，肉眼就已经看不见了。而且它们极脆薄的膜不久也会破裂。现在，你正望着的那个气泡恐怕瞬间就要破裂了呢！"

肥皂泡上的光膜

爱弥儿问道："叔叔，我还想问一个问题。当肥皂泡充满大气或氢气的时候，在肥皂泡的外膜上有着彩虹般的色彩，这些色彩是从哪儿来的？"

"这些色彩与你在缸子里看见的一样，和大气、氢气或肥皂水的性质都没有关系。它们只是光线对于薄膜所起的一种作用。只要是可以成为薄膜的透明物质，无论它具有什么样的性质，受到阳光的照射后，都会发出彩虹般的光芒，正如滴一滴油在静止的水面上，这滴油会平铺在水面形成薄层，在这薄层上就可以看见你所说的色彩了。一个肥皂泡，或是一层油膜，或是任何薄而透明的物质，都可以被称为虹彩物质，因为它们都能显现出彩虹的色彩。"

Chapter 18
一滴水

红色气球

保罗叔叔说："昨天，我答应给你们展示一下不会破裂的氢气球。现在，我就可以实现诺言了。爱弥儿，你还记得几个月前，你从城里买来的两个橡胶质地的红色气球吗？它们就像充满了氢气的肥皂泡一样，也能高高飞到空中。"

爱弥儿连忙回答："我当然记得，那可是我最喜欢的玩具。可惜的是，这两个气球买来没几天就飞不起来了，它们现在就待在我的玩具箱里，我已经很长时间不玩了。"

"你想没想过：为什么气球没几天就飞不起来了呢？"

"想是想过，但是我想不出这是为什么。"

"让我来告诉你原因吧。这种气球里充的气体便是氢气，因为气球的膜是用很薄的橡胶制成的，很有弹性，受到里面的氢气的压力，能自由胀大。这层薄膜虽然不像棉毛织物有很多小网眼，但是里面的氢气因性质过于微细，依旧能透过膜壁逸出。于是，气球就会渐渐变小，也许它依然是球形的，但外界的空气已经透进来代替了氢气。因此，无论是由于氢气的逸出，还是氢气与空气的交替，都会减少气球上浮的力量，所以一般过了一两天后，气球就飞不上天了。想要使它能上升，就必须向里面填充氢气才可以。"

"我要是早知道这个原因，一定要请你替我的气球多充一点儿氢气进去呢！"

"这是很容易的事情，如果你的气球没有破裂，我们可以立刻将它变成一个新的、能像之前一样飞起来的气球，你把它们拿出来吧。"

爱弥儿跑出去，不久就带回了两个皱瘪的红色气球。保罗叔叔接过来解开了气球上所绑的细绳，向气球里吹了一口气，检查一下这两个气球有没有裂缝或小孔。

他说："这两个气球完好无损。现在，我们就开工吧！我向一个容积约为1升的玻璃瓶里装上一些水和一大把锌片，再将一根直玻璃管插入一个与瓶口密合的软木塞——要是没有直玻璃管，可以用鹅毛管代替。我在玻璃管的顶端套上气球颈口，并用细线扎住，以防漏气。然后，我向瓶子里注入一些硫酸，等瓶中的混合物发生反应，生成大量气体时，我就用手指压出气球中的空气，同时将软木塞插入瓶口。这样操作结束后，让玻璃瓶中的物质慢慢反应就可以了。瘪皱的气球渐渐充满氢气，受到氢气的压力渐渐膨胀起来。现在，你们看一看它又变成球形了，但要是再无限制地充氢气，气球不久就会破裂了。之后，将气球口处距离玻璃管上方4毫米～5毫米处用细绳绑住，以防气球内的氢气漏出。最后，将气球从玻璃管上取下来，使生成的氢气可以自由地从玻璃管逸出，以免其积聚在瓶子内过多，导致软木塞突然被压出瓶内液体外溅，这是非常危险的。"

约尔见保罗叔叔手里的气球有向天上飞的趋势，就提议道："现在，让我们把它放了吧，看看它能不能向上飞起来。"

爱弥儿说："别把它这样放走，让我系上一条长绳子吧。"

保罗叔叔说："稍等一下，让我们先把这件事情考虑一下吧：

我们这个气球里到底储存了多少氢气？

最多不过1升吧。

1升氢气的重量约0.1克，相同体积的空气重量是它的14倍（即空气为1.4克）。

气球内的氢气比同体积的空气轻了1.3克。

如果假设橡胶气球本身的重量为1克，那么气球上浮的力就是0.3克，所以系气球的绳子的重量不能超过0.3克，而0.3克是一个极小的量。

179

这样的绳子可没有多长。"

"没错，气球上浮的力量是非常小的，拖不起一条很长的绳子。那么，我们系上一根细线吧。"

在气球的口颈上系了一根长线，气球就上升了。不过出乎孩子们的意料，它并没有上升得很高。

孩子们问："它为什么停止在半空中了？"

"因为气球升得越高，它所拖的细线就越多，这些细线的重量都会加到气球本身的重量上，而当气球的外膜、球内氢气和拖着的细线三者重量之和等于与其同体积的空气的重量时，气球就会失去上浮的力，于是就不会再上升了。现在，既然爱弥儿想要保存这个气球，我们不妨再吹另一个气球，让它自由地飞在空中。"

果然，放飞不拖线的气球时，它就飞得很快，仅仅片刻间就飞出了视线范围。不过，无论它飞得多高，迟早都要降下来，因为氢气和空气可以透过气球的膜壁互相交替，从而使气球的重量慢慢增加，最终变得重于空气而逐渐下落。不过，在天空中它一直被风吹拂，是无法降落在原来的地方的。

猪膀胱气球

约尔问道："假设我们不用爱弥儿所玩的橡胶气球，可不可以用猪膀胱来代替呢？我觉得猪膀胱可以做成天然的氢气球，既合适又容易找到。"

"如果我们找不到更合适的物品，那么猪膀胱也是可以使用的。虽然它比橡胶气球更大，它的膜壁也比橡胶气球更坚牢，但是它的表面常常黏附着许多脂肪质，会增加氢气球的重量。你们肯定记得咱们之前讲过，气球的膜壁越薄越好，这样才能尽量不阻碍氢气的上浮力：

　　1升氢气所能维持的重量不超过1克。
　　假设猪膀胱能容纳4升氢气，那么猪膀胱内的氢气最多只能维持4克的重量。超过了4克，气球就会下降。

　　"因此，如果我们要放飞这个猪膀胱气球，就需要先剥去猪膀胱外膜上的脂肪质，减少它的重量。还需留心的是，不能将膜壁剥破了。"

氢气与空气混合物的性质

　　"通过上面的实验，我们已经可以完全理解氢气轻于空气了。现在，我们要再做几个小实验，介绍氢气和空气混合物的性质。在一个容积不到$\frac{1}{4}$升的长颈小瓶里注入$\frac{1}{3}$容积的水，然后将它倒覆在水盆里。此时，瓶中的空气与水的比例为2∶1，之后在氢气制取的瓶子里再加入少量的硫酸，并换上弯曲的玻璃管，使生成的氢气由水底流入长颈小瓶，并占据瓶中水的位置。当长颈小瓶充满气体后，空气和氢气的体积比也是2∶1。然后，塞上长颈小瓶的塞子，再用一条毛巾将瓶子包裹好，只露出瓶颈。"

　　保罗叔叔说着就用一只手捏住用毛巾包裹好的长颈小瓶，揭开塞子，将瓶口靠近桌子上燃烧着的蜡烛，紧跟着出现一种很响亮的爆鸣声。孩子们听到后都被吓了一跳。

但是，爱弥儿却马上欢呼起来："就像气枪发射，太好玩了！叔叔，再来一发吧！"

于是，保罗叔叔又重复了同样的操作——在瓶子里充满氢气和空气的混合物——连着开了好几枪。爆鸣声随着氢气和空气混合的比例变化变得有高有低：有时高响短促，与枪声一样；有时只有嘈杂的一声，就像小狗的惊叫……爱弥儿觉得这些声音有趣极了。

保罗叔叔说："你们可以借助这种气枪的响声理解：氢气和空气可以混合成为一种爆发物，一旦遇到火焰，就能剧烈爆发。虽然这种混合物是透明的，但它却有着巨大的力量。如果容器的出口太小，它是会将容器爆得粉碎的。我用毛巾将瓶子重重包裹，就是为了防止破裂时有碎片飞散开。为此，我还在实验前特意挑选了一个只有1.4升的小瓶子。因为瓶子越大，爆发力也会越大，甚至会危及拿瓶子的人。

"大家都知道，空气是由一种活泼的气体——氧气和一种不活泼的气体——氮气混合而成的。显然氢气的爆炸和氮气没有丝毫关系，或者说因为氮气的惰性和巨大的分量反而会阻碍化学反应的发生，并缓和氢气的爆炸。所以参加这个反应的仅仅是空气中的一部分氧气。如果我们除去了氮气，而是用纯净的氧气来与氢气混合，其爆鸣声一定会更响亮。关于这个实验所需的物品，我已经准备好了。今天早上，我曾事先制备了一大瓶氧气，并倒放在水碗里，用水密封。在实验开始以前，我还需告诉你们一个要点：想要得到最响的爆鸣声，氢气和氧气的混合比例应为2∶1。

"我将一个广口瓶充满了水，用来作为爆炸物的容器。然后将它倒立于水盆中，用刚刚使用过的长颈小瓶来做计量单位，转移1份氧气；之后，再转移2份（即两小瓶）氢气。这样，我们的爆炸物就混合完成了。我们向瓶内望去，虽然一无所见，但其中却装着十分危险的爆炸物，要是不小心接触了火，玻璃瓶就会突然爆炸，而给我们造成重大创伤。如果你们想自己做这个实验，千万要记住：虽然我们的手边准备了水，但水并不能保证一定能免于疏忽操作造成的严重威胁，其爆炸和燥湿无关，即使将其埋入水底，也丝毫无法减少爆炸的威力。

"我用一只漏斗将大瓶中的混合气体在水中转移进刚才那个长颈小瓶里。然后，拿出长颈小瓶并盖上木塞。之后更加小心地用毛巾将其一层层包裹起来，以防止瓶子破裂。现在，我只需揭开瓶塞，将瓶口靠近烛焰就可以了。小心！1—2—3！"

孩子们也跟着同声高叫着："3！"

"砰——"像枪声，不，简直就像炮声响起，声浪响彻整个房间。爱弥儿也跟着跳了起来，他实在是被吓了一跳。

他叫道："太奇怪了！一种看不见的物质却能发出如此巨大的声音！要是早知道有这么响，我一定先把耳朵堵起来。"

"啊，这个实验是需要听的，而不是看的。你将耳朵堵起来，还能听到真正的声音吗？孩子，你要是太害怕，我就不再做这个实验了。"

保罗叔叔又把蜡烛点燃了——因为每次开枪时，总会将烛火吹灭——重复做着这个实验。爆炸时的力将玻璃窗震得咯咯响。不过这一次，爱弥儿却不再害怕了，他勇敢地观察着这个实验，他看见有1米多长的火焰从瓶口猛烈喷出。又经过几回实验后，他竟然请求叔叔答应让他来拿瓶子，自己来做这个实验。

保罗叔叔答道："我很乐意答应你的要求。现在，可不需要再害怕危险了，这个瓶子在几次实验中都毫无裂痕，可见它的确能经受这种爆炸的力量。不过，为了以防万一，我们可以继续用毛巾来包裹它。"

保罗叔叔将小瓶再次充满了混合物后，就让爱弥儿拿住瓶子，摆好姿势，像炮手那样放射了玻璃小炮。接着约尔也来做了这个实验，直至将所有的气体完全用尽为止。

氢气在氧气中燃烧

保罗叔叔说："炮弹已经用完了，开不成玻璃炮了。现在，我们要考察氢气在氧气中燃烧后究竟变为什么物质了。当氢气和氧气的混合气体爆炸时，氢气和氧气就化合了，伴随发出的是一种不是特别明亮的火焰，这样化合而成的新物质是一种无色气体，必须将它收集并凝缩了才方便检验。若按照之前的实验来配制这种新物质会有两个困难：第一，混合气体的分量过多，爆炸力太大，十分危险；第二，生成的新气体都逸散在空气中，不易收集。所以，我们要制取新物质，必须让氢气和氧气慢慢化合，也就是我们必须点燃一个生成氢气的导管，让它在空气中逐渐燃烧。

"现在，我们就开始准备这个装置吧。这个装置和之前吹肥皂泡的装置很相似，只需将直玻璃管换成管口像针眼粗细的尖嘴玻璃管就可以了。尖嘴玻璃管的制法是这样的：我们使用一根易熔的玻璃管，将其中间部分在酒精灯上均匀加热，等其软化后，就将其慢慢拉长，使软化的部分收缩成细条状，然后用锉刀切断，就制成同样形状的两根尖嘴玻璃管了。这样就可以做这个实验了。"

——从尖嘴玻璃管冒出的肥皂泡

保罗叔叔将所有的工具都准备好后（如 **图17** 所示），又补充道："把水、锌和硫酸全部放入瓶中，氢气就会从尖嘴玻璃管里持续逸出，在这个

图17　制取氢气的装置

尖嘴玻璃管的管口点火之前，必须谨慎考虑一下。我们已经知道了，氢气和空气的混合物是一种会引发爆炸的气体。现在，从尖嘴玻璃管里放出的氢气中还混杂着瓶里原本含有的空气，所以这时若在管口点火，这种危险的混合物就会在瓶子里爆炸，将瓶子炸破。即使不爆炸也会将木塞弹出，瓶中的酸液就会溅到我们衣服上，腐蚀为红色的斑点。如果不幸溅到我们的眼睛里，就有失明的危险了。我警告你们：在制取氢气的时候，必须特别小心这种容易爆炸的混合物。在点燃氢气的时候，必须不断留意这种气体中是否混入了空气。

"此刻，因为刚刚开始放出氢气，其中不免混有空气，所以需要暂时让它逸去。等瓶子中的空气散尽，或者差不多散尽的时候，实验才能进行。为检验气体中是否含有空气，我们蘸了一些肥皂水滴在尖嘴玻璃管的管口，若管口的肥皂泡可以脱离管口而快速上升，就可以知道瓶中已经没有空气了，即使有也是很少量的。但是，为了我们的安全，我们依旧用毛巾包裹住瓶子。现在，我将一张点燃的纸靠近管口，氢气就立刻燃烧起来，发出淡黄色暗淡的火焰。一切的危险都已经过去了，因为我最初点燃这种气体时不曾爆炸，此后也绝不会再爆炸了。所有的空气已经被完全逐出，从管口逸出的只是纯净的氢气。现在，我们已经不再需要毛巾了，为了看清瓶中的反应，我干脆将它解下来吧。"

"而且，管口的淡黄色火焰就是氢气燃烧的表现。虽然它的光芒很暗淡，可是温度却十分高，你们也可以去实验一下。"

孩子们将手指放到火焰旁边，但不久后就缩回去了。

爱弥儿嚷着说："太厉害了！想不到这样暗淡的火焰居然能产生这么高的温度。"

"氢气是一种非常好的燃料，你们还记得铁匠展示给我们看的情形吗？"

"你是说往熔炉中的煤块上洒水，将炽热的铁变成白热的吗？"

"是的，水被燃烧的煤分解，产生了氢气。氢气再次遇火燃烧，便产生了高热。"

"那么，在这小小的火焰里，我们能够烧红一根铁丝吗？"

"不仅能烧红，还能烧至白热呢。你们看！我将这根铁丝的一端放入火焰，不久便发出耀眼的强光。铁匠用湿煤来将铁条烧至白热也是同样的道理。"

氢气会 "唱歌"

"氢气还具有一种特性，虽然这种特性并不是什么重要的特性，但却非常有趣，它燃烧的火焰会'唱歌'。等我把合适的'乐器'准备好后，你们就可以听到了。这种乐器是一根像手杖那样又长又细的玻璃管，当然也可以短一些或粗一些，只是所发出的音调会有些不同而已。管子短而粗时发出的音较低沉，管子长而细时发出的声音较高亢。若没有合适的玻璃管，也可以用小灯罩代替，或者用厚纸做成的纸管代替。准备的管子最好有的长、有的短、有的粗、有的细……我们已经准备好许多管子，其中只有一根玻璃管。"

保罗叔叔说着就开始了实验，他将玻璃管竖直套在火焰上。就听见那里连续发出一种乐音，就像风琴管发出的乐音似的。保罗叔叔将管子上下移动，火焰在管口不断进出，所发的乐音忽高忽低、忽震颤忽平和，有时像庄严的默祷，有时像高声的歌颂。紧接着，保罗叔叔又将各种管子——有长有短，有粗有细，有纸做的有金属做的，都拿来做实验，将全音阶中的每个音都试了出来。

孩子们听见这种刺耳的音乐后，不禁叫起来："好奇怪的乐曲！要是我们的哈巴狗也在这里，它一定会加入这场音乐会呢！我们去把它找来吧。"

孩子们找到了哈巴狗。它以为找到了什么好吃的东西，立刻就跟了过来。等它一听到奇怪的音乐，便惊异地高声吠叫起来，这让爱弥儿和约尔都忍不住笑起来，连保罗叔叔都无法继续保持严肃的态度了。

保罗叔叔命令道："快让它出去吧，否则我们的课就没法继续了。"

哈巴狗出去后，室内的噪声又归于沉寂。于是，保罗叔叔继续说："你们肯定知道，我做这个实验的目的不仅是给你们取乐，它的背后还有另一个很严肃的理由，关于这个理由，随后我会向你们解释。此刻，我要回答一个已经在你们嘴边的问题，那就是：为什么氢气的火焰会唱歌？当氢气从瓶中逸出管外时，就与四周的空气相遇，所以不断有轻微的爆鸣声发出，从而导致套在火焰上的玻璃管中的空气柱发生连续震动。我们听见的声音，便是由于空气柱震动引起的。"

氢气燃烧后变成什么物质

"现在，我们先将这个问题抛开，来检验一下氢气燃烧后究竟变成什么物质。我再拿取那根玻璃管，用吸水纸卷成一根纸棒将玻璃管内擦干，然后将玻璃管再次套在氢气火焰上。不过，现在你们不要听声音了，只需观察玻璃管内发生的变化。不久之后，玻璃管的内壁上生出了一层薄雾，并渐渐变得浓密，最终形成几滴无色液体顺着内壁流下来。这些液体便是燃烧后的氢气，也就是氢气和空气中的氧气化合而成的化合物。从它的外观来看，谁都会认为它是水，不过在进行这个判断之前，我们还需尝一尝它的味道。

"但是，我现在使用的管子还是太细，这样流出的液体还不够润湿一个指尖呢，所以我们要设法改进，比如，使用一个广口瓶来代替这个玻璃

管。我将瓶子的内壁擦干，然后将它套在火焰上，薄雾又生成了，并越聚越多，最终凝成一滴滴小液滴，沿着瓶壁流下来。要是我们多等一段时间，一定会有许许多多的小液滴流到瓶口，我们就可以用手指去蘸了。"

火焰在颠倒的瓶子中燃烧了一段时间后，保罗叔叔稍稍摇动一下瓶子，果然有许多冷凝的液体流到瓶口，并聚集在一起。孩子们经叔叔指示，立刻用手指去蘸着尝一尝它的味道。

约尔说："它没有味道，也没有气味，更没有颜色，我怀疑它是水。"

"你不用说'怀疑'，因为它的确就是水。我让你们倾听氢气的火焰发出的声音，就是要让你们明白这神奇的变化。水是燃烧后的氢气，它是由氢气和氧气化合而成的化合物。人们普遍将水认为是火的敌人，而实际上水却能生成产生火焰所需的最佳燃料——氢气，以及能使金属燃烧的助燃气体——氧气。化合成水的氢气和氧气的分量并不相同，其中氢气占2份，氧气占1份。你们从这个事实便可明白，为什么我混合了2小瓶的氢气和1小瓶的氧气能发出最响亮的爆鸣声了。这种混合气体在爆炸时会生成少量的水，这些水因受高热而蒸发，会猛烈地冲出瓶子，同时发出巨大的声音。因为这声音非常巨大，你们也许会认为爆炸时生成了大量的水，但实际上生成的水却是很少的，不过很小的一滴而已。你们可以用数学将这个事实计算出来：

要制取1升水，必须有1860升的混合气体，其中620升氧气、1240升（氧气的2倍）氢气。

由此可知，我们这个只能容纳$\frac{1}{4}$升混合气体的瓶子所生成的水当然是少之又少了。

"试想氢气和氧气结合而生成的小小一滴水，它们的结合是多么隆重啊！

"现在，我们要讨论一下用硫酸和锌来制取氢气的理由了。我们知道，硫酸是硫氧化物的水溶液，其中含有3种元素：氢、氧、硫。硫酸中的氧和硫与锌的化合能力较强，所以一旦遇到了锌，便会同锌化合成另一种化合物，叫硫酸锌。另外，氢在失去结合对象氧和硫后，便只好独自离开。至于新的化合物硫酸锌，从其名称就可以知道它也是一种盐类。这种盐类极易溶于水，所以我们是无法看见它的。

　　"现在，让我们来看一看刚刚制取氢气的瓶子吧。此时，化学反应已经停止了，所有的锌都已经变为了盐类，并溶解在水里，只剩下一些没发生化学反应的黑色杂质。我们将这个瓶子静静放在壁角，那些溶解在水中的物质会慢慢结晶析出，生成一种白色沉淀物，这种白色沉淀物有强烈的味道，就是我们刚刚所说的硫酸锌。"

Chapter 19
一支粉笔

制备
二氧化碳

"孩子们，今天我们不会再听机关枪声和刺耳的音乐了，也不会再看强烈的火焰和氢气与氧气的热闹化合反应了，但这一节安静的化学课的重要性并不亚于上一节课。现在，我要提问：煤或木炭燃烧后会变成什么物质？

"我们看见它在氧气中烧得十分明亮——我们肯定不会马上忘记这个伟大表演的。在其燃烧反应中生成了一种不可见的气体，这种气体就是通常所说的二氧化碳，也就是我们以前讲过的碳酸酸酐气体。它与别的酸酐一样，其水溶液——碳酸——稍稍能使蓝试纸变红。虽然二氧化碳是一种人们普遍知道的气体，但我们以前只知道它的名字，并不知道它的真正特性。现在，我们有必要进行详细研究。首先，你们要学会怎样去认识它，以及怎样去制备它。

"这是一块生石灰，将水洒在它上面，使它发热而碎裂为粉末。然后，再加入多一点儿的水将它搅拌为薄糊状。你们应该还记得，熟石灰是微微能溶于水的。现在，我就要制备这种溶液，它需要是澄清透明的，没有任何未溶解的石灰。我将薄糊状的熟石灰倒在一个垫有滤纸的漏斗中过滤。

"你们知道，使用筛可以分开两种不同粗细物质的混合物，细的物质会被筛出，粗的物质留在筛里。滤纸也是一种筛，滤纸上有许许多多看不见的小细孔，使已经溶解为微粒子的物质可以从细孔中筛出，未溶解的大颗粒物质则会留在滤纸中。所以只要是液体中含有杂质或沉淀物时，都可以使用滤纸来过滤。

"滤纸是一种圆形纸片，形状或大或小，可以从药房或仪器商店中买到。如果手边没有滤纸，可以用中国制造的绵料纸代替，它和滤纸一样疏松有细孔，并遇水不破。在使用滤纸时，先将圆形的滤纸对折为半圆形，再对折为扇形。这样对折之后再对折，直到不能再折为止。最后，把它稍稍展开，叠成一张有皱纹的滤纸漏斗。之后，将滤纸漏斗放在一个玻璃制的（或者金属制的）漏斗里，并将玻璃漏斗柄插在一个可承接过滤液体的瓶子里就可以了。

"过滤装置已经准备好了。现在，我就将熟石灰的薄糊过滤。请注意观察一下：滤器上面的液体是多么的浓厚、浑浊，而滤器下面瓶子里的液体又是多么的洁净、清澈，就像清水一样。请想一想如果滤纸能将已经溶解的熟石灰和未溶解的熟石灰完全分开，是不是非常神奇？经过过滤装置过滤的液体，虽然看上去像水，但实际上还含有已经溶解的熟石灰，我们可以借助它的味道来确认这个事实。这种水溶液称为石灰水，我们的二氧化碳实验将要用到它。

"我们现在需要在空气中燃烧木炭制取一些二氧化碳。这是两个相同大小的瓶子，瓶子内都充满了空气，我将一段炽燃的木炭放入一个瓶子里，让它继续燃烧直至熄灭，这样就已经制取了少量的二氧化碳。二氧化碳是一种不可见的气体，但可以使用石灰水证明它的存在。我用汤匙盛一两匙石灰水注入瓶子里，摇晃几下，石灰水立刻变为浑浊的白色液体。"

"是不是因为瓶子中有了二氧化碳，才能将石灰水变为白色呢？想要回答这个问题，我们只需问：另一个瓶子里的氮气与氧气的混合物气体——空气能不能将石灰水变为白色？在得出结论

二氧化碳的特性

之前，我们必须先借助实验验证。我在另一个充满空气的瓶子里同样注入一些澄清的石灰水，摇晃几下，瓶子中的石灰水并没有发生任何变化，还是澄清如清水。可见导致石灰水变色的是二氧化碳，而并不是氮气和氧气。让我再来补充一句话，请你们一定牢记：只有二氧化碳气体能让石灰水变成白色。

"由此可知，石灰水是辨别二氧化碳和其他气体的有效工具。例如，一个瓶子里充满了某种未知的气体，如果我们不确定它是不是二氧化碳，就可以使用石灰水来辨别，若摇晃后石灰水变白，那这种气体一定是二氧化碳，否则就一定不是。有的时候，木炭的燃烧往往不易被我们觉察，而有了石灰水就可以将这件事情很快解决。记住石灰水的这种特性，我们将来还需要再次使用它。

"现在，我将被二氧化碳变白的液体倒入一个玻璃杯中，将杯子拿到有光照的地方，对着光望过去，就可以看见其中有许许多多的白色细小颗粒在液体里旋转。如果我们把杯子静置一会儿，液体中的细小颗粒就会渐渐沉淀，杯子中的液体又会变得和清水一样清澈。我将上层的液体倒掉，只留下微量的沉淀物。这些沉淀物是什么物质呢？从其外表来看，你们可能会说它是面粉、淀粉或白垩粉。是的，它的确是白垩粉，与制造粉笔的白垩粉是同一种物质。

"但你们不要以为用来在黑板上写字的粉笔就是用这样的原料制成的。如果制造粉笔必须燃烧木炭、溶解石灰，那制造粉笔所耗费的费用和工作量就太大了。制造普通粉笔所使用的白垩粉是天然的，只需去除杂质、调入水，用模具压制成条状即可。我们现在得到的白色物质是用人工的方法制成的白垩粉。这些白垩粉是怎样制得的呢？因为二氧化碳遇到了石灰水，就与其中的熟石灰结合成为一种盐类，叫碳酸钙，俗称碳酸石灰。

"虽然碳酸钙是由碳酸和熟石灰化合而成，但是它在自然界中的存在状态，如粗细、软硬、松紧等却各不相同。质地粗糙松软而易粉碎的是白垩粉；质地粗糙坚硬的是石灰石，可用作建筑材料，如建筑石、铺路石；质地坚硬而细致的是大理石……虽然这些石类的名称、外形和用途均不同，但构成这些石类的物质却是相同的——燃烧后的碳和熟石灰的化合物。化学可不管物质的外观，只认它的内部结构，所以上面所说的各种石类在化学上都叫碳酸钙。因此，在必要时，我们也能从白垩粉、石灰石或大理石中制取二氧化碳，它和木炭燃烧所生成的二氧化碳完全相同。

　　"由上述可知，制取二氧化碳并不一定需要燃烧木炭，几块小石子也可以制取出完全相同的气体。在缺乏化学知识的人看来，化学简直像是魔术，它能扰乱我们习以为常的观念。你想要寻找最好的燃料吗？化学却叫你从水中去找。你想要寻找燃烧木炭时生成的气体吗？化学却叫你从石子中去找。"

最黑的物质与最白的物质

　　"白垩粉中有碳元素，最黑的物质存在于最白的物质之中。对于这个事实，即使是常常质疑的爱弥儿也深信不疑。我刚刚在瓶子中燃烧的的确是碳——构成木炭的碳元素，燃烧后生成的二氧化碳是碳和氧的化合物，之后二氧化碳遇到石灰水，二氧化碳就与熟石灰化合形成了白色小颗粒，即在水中悬浮着的白垩粉。

　　"刚刚我说过白垩粉中有碳，只不过白垩粉中的碳是已经燃烧过的碳，若是不将它的同伴——氧驱逐，它是不能再燃烧的，所以白垩粉是一种不能燃烧的物质。不过有许多其他物质中都含有未燃烧的碳，这些物质却是可燃的。例如，用来制造蜡烛的蜡。虽然蜡的外表是洁白的，但其中却含有大量的碳，这只需想一想蜡烛燃烧时生成的黑烟就可以理解了。除了黑烟，我们也可以用其他途径证明碳元素的存在。这个方法非常简单，只需将蜡烛点燃，检查其燃烧时有没有生成二氧化碳就可以了。如果证明生成

了二氧化碳，就可以确定蜡中含有碳。现在，就让我们做一做这个实验吧。

"在瓶子中注满清水，再将它倒出，使瓶子中充满纯净的空气。然后，将燃着的蜡烛附着在铁丝上伸入瓶子，让蜡烛继续燃烧，直至熄灭。现在，这个瓶子里有没有二氧化碳生成呢？石灰水可以告诉我们答案。将少量的石灰水倒入瓶中，并摇晃一段时间。注意看了：石灰水变为了乳白色。由此可知，蜡烛在燃烧时的确生成了二氧化碳，同时也可以证明制造蜡烛的蜡的确含有碳。

"让我们再来举一个例子。纸张也含有碳，我们只要燃烧纸片，并检验其黑色的灰烬，就可以证明其中也含有碳。但是，在尚未借助实验证明之前，我们还不能做出准确的判断。也许那黑色灰烬不是碳呢？仅仅观看物质的外观就下结论是常常犯错的。我再将瓶子里充满纯净的空气，卷好一张纸片伸入瓶中燃烧，不使灰烬落下。然后，将石灰水注入瓶中并摇晃，石灰水立刻变为了白色。由此可知，瓶中已经生成了二氧化碳，同时可以证明纸张的的确确含有碳。你们看，这些结论都是物质自己说出来的。

"再者，虽然纸和蜡都是白色的，但其燃烧时生成了黑烟或黑色灰烬，可以让我们凭借直觉判断其中含有碳。但是，另外一种物质却并没有类似的含碳痕迹，那就是酒精。虽然酒精和水同样是无色透明的液体，但通过酒精强烈的气味，可以证明它并不是水。酒精遇火极易燃烧，能产生无烟的火焰。那么这种无色的可燃液体究竟是否含有碳呢？

"从它的燃烧反应中，我们找不到一点儿含有碳的证据，它既没有生成黑烟，也没有产生黑色残烬。此时，只有石灰水能帮助我们解决这个问题。我们在一个用铁丝缠绕着的小杯中注入少量酒精，将它点燃伸入一个盛满纯净空气的瓶中，等瓶中的酒精停止燃烧，就用石灰水来检验，结果石灰水变为了白色，问题解决了。现在，可以断定：虽然酒精的外观与水一样是一种无色透明的液体，但它的成分中却含有黑色的不透明的碳物质。

"借助相同的方法，我们可以检验各种物质，只要是燃烧后生成的气体能将石灰水变白，其成分中就含有碳。我之所以要反复说明这个事实，就是想要你们明白：想要认识一种化合物的真实性质，仅凭借它的外观是靠不住的。我已经用实验向你们证明了这一点，虽然某些物质的外观不像含有碳的样子，但实际却含有碳。现在，我想请你们注意一件更奇特的事情：一块小石子能产生二氧化碳气体。"

强酸与弱酸

"白垩粉、大理石和一切石灰石都含有二氧化碳的成分。碳酸是一种弱酸，它的酸性很弱，遇见其他任何强酸，总是赶忙让出自己的地盘。所以，如果我们在这些小石子（即碳酸钙）上滴一些强酸，其中的二氧化碳就会被新来的强者驱逐出去。同时，新来的强者就会占据二氧化碳的地盘而和熟石灰化合成一种新的盐。例如，硫酸能将碳酸盐变为硫酸盐，磷酸能将碳酸盐变为磷酸盐。在上述两种情况里，都将有二氧化碳生成，而在石子表面相应地生成许多气泡。

"这些反应很有趣吧？让我们来实验一下刚刚用人工方法制成的白垩粉吧。在杯子底下的白垩粉还没有完全干燥，但是这与实验是否成功并没有什么关系。我滴一滴硫酸在白垩粉糊上，立刻就可以看见这些混合物好像沸腾了似的产生了许多泡沫，这些泡沫由大量被硫酸驱逐出的二氧化碳小气泡聚集而成。现在，让我们再来用一些天然的白垩粉做实验。例如，用来在黑板上写字的粉笔。我取一根粉笔，用一根细玻璃棒蘸一点儿硫酸滴在粉笔上。在硫酸和粉笔接触的地方也产生了泡沫，这是二氧化碳被硫酸驱逐出去的证明。

"你们早就听我介绍过，这种白色粉末的性质和白垩粉相同，而刚刚的实验更是强有力的证据。这两种物质遇到了强酸，都会产生泡沫并放出相同的气体，若是分别进行大规模的实验，将所有气泡中的气体收集起来

检验，这个事实也是很容易被证明的。总之，它们不仅仅在外观上相同，内部构造也是相同的。换句话说，这两种物质是同一种物质。

"石灰石和前两者也是同一种物质，但是我们怎样分辨某种石子是不是石灰石呢？这是一个急需解答的问题，因为我们正要寻找这种石子来制取大量的二氧化碳，以供给以后的实验。化学告诉我们，强酸是最可靠的石灰石鉴别家，只要一小滴强酸就可以解决这个问题。

"这块硬石子是从水滩边捡到的，我将一些硫酸滴在它上面，未发生任何反应，也未产生任何泡沫，可见这块硬石子不含二氧化碳，不是碳酸盐，所以它不能用来制取我们所需的气体。这也是一块很硬的石子，我采用相同的方法来检验它。当硫酸滴落在这块石子上时，就立刻产生了泡沫。由此可见，这块石子是含有二氧化碳的，所以它是碳酸石灰，也就是石灰石。不熟悉石子的人是无法凭借石子的外观分辨哪些是石灰石、哪些不是石灰石的，这时可以使用我刚刚所介绍的方法。"

爱弥儿说："这个方法非常简捷，只要遇强酸能产生泡沫就是石灰石，不能产生泡沫就不是石灰石。只要产生泡沫就表示石子中含有二氧化碳，不产生泡沫就表示石子中不含二氧化碳。"

碳酸盐的特性

保罗叔叔说："是的！现在，我还要和你们讲一件事情。我们前面已经说过了，石灰石是一种碳酸盐，化学上称为碳酸钙，但碳酸盐并不只有碳酸钙一种，其他的很多金属，比如，铜、铅、锌等，都有一种或一种以上形式的碳酸盐。

"不过，自然界中的碳酸钙分量最多，并且它在我们的世界中担负了重大的任务，所以我需要特别提出。大多数土壤都是由碳酸钙组成的，而很多山脉都含有石灰石。不过，无论在自然界的存在是多是少，所有的碳酸盐遇到强酸都会产生泡沫，释放出二氧化碳气体。这是因为它们均含有二氧化碳，否则就不能称为碳酸盐了。我们可以立刻从碳酸盐的这种特性中学到新的知识。

"在这个杯子里放入一把从灶膛中拿出的柴灰。假如我问你们这些灰是什么物质，你们一定无法回答，因为凭借它的外观、气味等，都没有任何提示，但是我们可以借用一个间接的巧妙方法很快解决这个问题。我在柴灰上滴少量强酸，柴灰就剧烈地产生了大量泡沫。由此可以知道，柴灰中含有——有什么？谁能告诉我？"

爱弥儿抢着答道："柴灰中含有碳酸钙。"

约尔道："我认为爱弥儿回答得太着急了。一切碳酸盐遇到强酸均会产生泡沫，所以这些泡沫仅仅能说明柴灰中含有碳酸盐，却并不能告诉我们这是哪一种碳酸盐。"

"你说得非常正确。这些柴灰中的确含有一种碳酸盐，但并不是碳酸钙，它是另一种你们没有听说过的、被称为钾的金属的碳酸盐。虽然我刚刚的实验并不能告诉大家这些柴灰中所含有的金属是什么，但它至少说明了这些柴灰中含有二氧化碳。所以，化学家均采用像这样的实验来探究物质的性质。例如，你拿一块矿石，或一撮泥土，或其他任何物质进行检验，化学家们都会用一种化学药品检验它，并告诉你它是否含有铁；用另一种化学药品检验，并告诉你它是否含有铜；再用一种化学药品检验它，并告诉你它是否含有硫，这样一一检验下去，就能将这个物质的成分完完全全告诉你。

"然而，铁、铜、硫等元素并非为肉眼所能见的，就是在各种实验进行时，平常人也无法看出来，而化学家之所以知道这种物质中含有铁、铜、硫等元素，是通过各种化学药品对该物质所起的反应现象而推断出的。当一块白色的大理石遇到硫酸产生泡沫，我就可以断定它含有二氧化碳，从而推断出它含有碳元素。同样，化学家确定一种物质含有某种元

199

素，并不是直接用肉眼观察得来的，而是根据实验结果判断的。

"现在，让我们来制取一些二氧化碳气体吧。为此，我已经准备了很多敲碎的石灰石。将一把石子放在瓶里，再向瓶中加入一些清水，用来稀释强酸，使气体不会生成得太快。若气体剧烈生成，我们就很难控制反应了。这次实验所使用的强酸，并不是刚刚所用的硫酸，因为碳酸钙遇到硫酸就会变为硫酸钙，即烧石膏，它是不能溶解的物质，会附着在石子的表面并阻碍反应继续进行，从而使气体的生成在中途停止。所以为了保证实验可以顺利进行，不会在中间停止，石子的表面必须保持清洁，不能被障碍物遮蔽。换句话说，新生成的化合物必须在生成时就立即离开，所以这种新生成的化合物必须能溶解在水中，使用盐酸便可以达到这个目的。"

爱弥儿问道："你说的是什么酸？"

"是盐酸。"

约尔接着问道："你之前说过，酸的名称一般都是在组成某种酸的非金属的名字后加一个酸字得名。可是盐酸的盐字似乎并不是任何一种非金属元素的名称，这是为什么呢？"

"对于这个问题，我应该从两方面来解释：首先，因为盐酸是用食盐制成的，所以俗称盐酸，正如硝酸是用硝石制成的，所以俗称硝酸一样。其次，盐酸和之前所说的各种由非金属氧化物与水化合而成的酸，如硫酸、碳酸、磷酸等，是不同的。之前所说的酸均是含氧酸，而盐酸却是不含氧酸，它由氯气和氢气两种气体化合而成，所以它的学名是氢氯酸。只是因为大家已经习惯了盐酸这个名字，所以我们沿袭习惯，称之为盐酸。我希望你们不要忘记氯元素，它是食盐、氯酸钾和正氯酸中所含的一种非金属元素。至于氢元素，在上一节课程中，我们已经讲过，我就不再专门介绍了。

"盐酸或氢氯酸是一种黄色且有强烈酸味的液体。在空气中，会释放出具有强烈辛臭味的白烟。我在盛满水和石灰石的杯子里滴入一些盐酸，石子就会和盐酸产生反应释放出二氧化碳。此时，石子表面会出现剧烈的冒泡反应。关于这个化学反应的原理，我们将在下一节中进行详细解释。"

Chapter 20
二氧化碳

制取二氧化碳

"我们通过昨天的学习，知道了石灰石中含有大量的二氧化碳，又知道要释放石灰石中的二氧化碳只需要加入另一种酸性较强的酸，即盐酸。因为它能保持石子表面的清洁，而不会妨碍化学反应的进行。我们今天就打算从石灰石中制取二氧化碳，所需的装置和制取氢气的装置一样——一个有很大软木塞的广口瓶，软木塞打两个孔，一个孔中插入一根直玻璃管，从软木塞顶穿入，直到底部，在直玻璃管的上端装一个小玻璃漏斗。如果没有玻璃漏斗，也可以用锥形的纸张代替——盐酸就从漏斗中慢慢注入，而不会使泡沫生成得过快。在另一个孔里则插入一根弯曲的玻璃管，用以导出瓶中的气体。

"这些就是我们所需的装置——一个有两个孔的软木塞的广口瓶（如 图18 所示）。我在这个瓶子里放入了一把坚硬石灰石的碎块。用大理石当然更好，只是我一时找不到大理石，所以只好用石灰石代替了。幸好石灰石的缺点只是杂质较多，容易将液体变浑浊，对于实验并没有什么妨碍。我先在瓶里倒入一些水，再安上瓶塞，将直玻璃管伸入水中。之后，注入少量盐酸，就可以看见水中产生波动。这是因为石子中的二氧化碳正在释放。现在，我们已经不用多加注意了，可以让反应自己进行，不过隔一段时间，还需

不用软木塞就能收集到二氧化碳

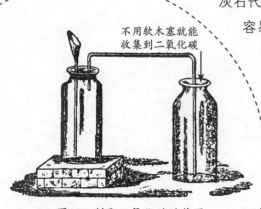

图18 制取二氧化碳的装置

加入少量盐酸保持反应持续进行。"

爱弥儿看见叔叔很不在意地将瓶子放置在一旁，就大声道："快点儿！快点儿拿一盆水来！"

叔叔告诉他说："这个实验可以不用水盆，我们不用水盆照样可以收集到二氧化碳。"

"可是气体就快要跑了。"

"就算是跑了一些也没关系，制取二氧化碳十分容易，所需的原料又不值钱，石子是不需要用钱买的，随处可得，而少量的盐酸也不值几个钱。而且，我让这些气体跑一部分的原因还有一个：瓶子里原本就有空气，我要让二氧化碳把它赶走。

"现在，瓶子里的空气应该已经完全被赶走了，即便还有也很少了。我将弯曲的玻璃管伸入另一个广口瓶中，使玻璃管的一端一直伸入瓶底。不久后，这个瓶子里就会充满二氧化碳。"

约尔反驳道："但是这瓶子没有使用软木塞，从弯曲玻璃管中释出的气体，一定会跑到瓶外去，即使没有跑出去，也会有空气混杂在里面啊。"

保罗叔叔回答道："关于这一点，你可以不用担心。因为二氧化碳比空气重，当二氧化碳从弯曲的玻璃管中被导入集气瓶底，它就会排开瓶中原来的空气，并逐渐聚积为很厚的气层。被排开的空气会不断向瓶口逸出。同时，二氧化碳也会不断占据它的位置，就这样继续进行直至二氧化碳完全占据集气瓶。如果我们有一杯油，在这杯油中慢慢注水，将会发生什么现象呢？因为水比油重，水将聚积在杯底，并渐渐上升，最终将油

排出杯外。当二氧化碳被导入充满空气的集气瓶时，其所发生的变化与此类似。"

爱弥儿听后说："我懂了，不过我还得问你一下，对于油和水，我可以从颜色上观察到发生的现象。但是，对于二氧化碳和空气发生的变化，却是看不见的。我们怎么才能知道瓶中的空气已经被完全逐出了，只剩下纯净的二氧化碳呢？"

"我们的眼睛可能看不见这种变化，但是我们却能借助火焰理解这件事情。二氧化碳是燃烧的敌人，它不能容许有任何火焰存在。我将点燃的纸张放在瓶口，如果纸片继续燃烧就表明瓶口还有一层空气，而如果纸片立即熄灭，那就表明瓶中已经被二氧化碳充满。现在，我们就可以来试试看。看，燃烧的纸片还来不及放入瓶口便已经熄灭了，这表明二氧化碳已经聚积到瓶口了。现在，我们就可以使用这瓶气体来做实验了。制取二氧化碳的装置已经暂时没有用处了，我先将它放在一旁，等再需要它时，我们只需注入一些盐酸，使之与石灰石反应就可以了。"

二氧化碳与空气

"现在，瓶子里的气体就是我们从石灰石中释放出的二氧化碳，它是无色透明的气体，外观和空气一样。化合反应将它大量禁锢在一座'小石牢'——石灰石中，所以不及胡桃大的一块石子能产生好几升的气体。我们刚刚的实验是将二氧化碳从石子中驱逐。现在，我们却要将它再次赶回去，将它重新禁锢在'小石牢'中。我将一些石灰水注入充满二氧化碳的瓶子，用手掌封紧瓶口，并震荡，液体就立刻变为白色，好像酸牛奶一样。我们将它静置一会儿，白色物质沉入了水底，渐渐积成厚厚的一层。你们已经知道了，这些白色物质是碳酸石灰，也就是白垩粉，它是石灰水和二氧化碳化合而成的一种化合物。所以，我们此时得到了一个新的证据：石灰石中含有木炭燃烧而生成的二氧化碳。

"刚刚的二氧化碳消失了，它被禁锢在白色泥渣中，泥渣干燥后再压缩，就会又变为石子。现在，我再将二氧化碳的制取装置拿出来，在这个瓶子里收集满二氧化碳。你们想一想，一个燃烧的烛火在充满了二氧化碳的瓶子中会发生什么变化呢？"

爱弥儿道："烛火会立即熄灭，就和燃烧的纸片一样。"

约尔补充爱弥儿的话，说："除了在氧气或空气中，一切物质均燃烧不了。"

那个烛火果然一到瓶口就快速地完全熄灭了，其熄灭之迅速甚至胜过在氮气中。不但火焰立刻熄灭，就连烛芯上的火星也立刻消失了。

保罗叔叔又说道："虽然我们不曾做过残酷的实验，但可以推断这种气体既不能助燃，也无法维持生命。动物在二氧化碳中会很快窒息而亡，就和麻雀在氮气中一样。现在，让我们再来证明一下二氧化碳比空气重吧。在收集二氧化碳时，我们并未借助水盆，这其实已经可以证明二氧化碳重于空气，但我还要向你们展示一个更加明显的证据。

"我们使用两个瓶子，它们容积、口径大小都相同。右边的瓶子里充满了二氧化碳，我伸入一个烛火，火焰立即熄灭。左边的瓶子里充满了空气，我伸入一个烛火，火焰继续燃烧。现在，我拿出烛火，并将右边的瓶子慢慢倒转覆在左边的瓶子上，将两个瓶口相对，就像是从右边的瓶子注水入左边的瓶子一样，此时，虽然我们看不见上面几个瓶子间气体的流入，但事实上，它们的确在调换位置，我们可以立刻证明这一点。

"二氧化碳是比较重的气体，所以它会下降并充满下面的瓶子，空气是比较轻的气体，所以它会上升并充满上面的瓶子。稍等几分钟，当两种气体完全调位之后，我将两个瓶子回归原位，再用烛火来实验一下。实验的结果是：烛火在右边的瓶子里能继续燃烧，可见瓶子中原来的二氧化碳变为了空气；烛火在左边的瓶子里立即熄灭，可见瓶子中原来的空气已经

变为了不助燃的二氧化碳。由此，我们可知上面瓶子中的二氧化碳已经与下面瓶子中的空气互相调换位置了。"

狗窟洞

"现在，请你们认真听，有几处地方常常会有二氧化碳从地面释放出来，比如，在火山附近。地面上也有二氧化碳泉，就如泉水那样。最著名的二氧化碳泉位于那不勒斯附近的朴查利，被称为狗窟洞。那里养着一条狗用来满足游客的好奇心理。这个狗窟洞处于山岩中，窟洞中的空气非常污浊、潮热，泥土中冒着气泡。

"狗窟洞有一位管理人，他为了赚取游客的金钱，常常迫使狗进行一种可怕的游戏，他缚住狗的四肢，将它放入窟洞中，而他自己则直立在那里。这个窟洞表面看来没有什么危险，既闻不到异味，也不脏污，而且窟洞的管理人也站在那里，他并没有表现出任何不适。然而，躺在地下的狗却会发出呻吟声，四肢不断抽搐，瞳孔放大、眼睛无神，头颅垂下，看起来好像马上就要死亡。但在那时，狗的主人就会将它抱出窟洞外，并解去束缚，让它呼吸新鲜的空气，那只狗就会渐渐苏醒过来，起初僵直伸着四肢，急促喘气，不久之后就会站起来拼命逃开——就像是害怕受到第二次刑罚。

"这只狗是在表演他主人训练的把戏吗？它是假装的吗？并不是，这只狗的确经历了濒死的状况，在它每天遭受数次酷刑后，它深知遭受这种不幸的缘由，所以它遇见陌生游人走近，就会高声吠啸，威吓游客。由此，它的主人想要将它拖到狗窟洞中时，就不得不采用强迫的手段。此时，这只可怜的动物就只能以一副哀怨神气，等待酷刑。酷刑一过，游人走远之后，它又变得非常快活。

　　"关于狗窟洞的奥秘，解释起来并不难。我已经说过了，在狗窟洞中的地上不断释放出二氧化碳，这种气体不适于呼吸，所以动物经过几次呼吸后，就窒息而死了。又因为二氧化碳比空气更重，所以它不会均匀散开而是聚积在地面附近，形成半米多高的气层。人站在狗窟中，气层只及膝际，而被缚住四肢躺在地上的狗，却完全淹没在气层里。狗主人因为呼吸不到这种气体，所以不会感觉难受，而狗则因为完全呼吸着这种气体，所以几乎闷死。如果让狗的主人也躺在地上，他一定会遭受和狗同样的经历。

　　"虽然那些很重的气体不断产生，但也在不断从窟洞口逸出。在空气平静时，形成一股气流，一股看不见的气流，所以人在其中穿行时，丝毫不会觉察。不过，我们可以用烛火来探测它的存在，烛火在这股透明的气流之外能保持燃烧，但当烛火没入这股气流中，就会立即熄灭，就像没入水中。我们使用这个方法可以探测到这股气流一直延伸到窟洞外很远，过了这段距离，就被流动的空气冲散了。"

还原
狗窟洞实验

　　保罗叔叔讲了这个故事之后，约尔说："要是这个狗窟洞离得不远，我一定要去参观一下，不过我可不想让狗遭受那种可怕的刑罚，我只好用烛火来实验一下了，看看它靠近地面时会不会熄灭。"

　　保罗叔叔回答道："如果你仅仅想要做这样的实验，那就不必特意到朴查利去，因为我们可以模仿狗窟洞的主要情形布置一下。我们可以用广

口瓶来代替狗窟洞，使用制取二氧化碳的装置产生气体来代替从地面上升的二氧化碳。我在制取二氧化碳的装置中添加了一些盐酸，使它重新生产二氧化碳，然后将弯曲的玻璃管插入用来代替狗窟洞的广口瓶瓶底。二氧化碳从弯曲的玻璃管释放出来。由于二氧化碳本身的重量，它会滞留在瓶底，同时将等容积的空气赶走，渐渐地，积累成一层厚厚的气层。瓶子中的气层在某个时刻究竟有多厚，原本我们是无法知晓的，因为二氧化碳和空气都是不可见的物质。但是，从装置产生气泡的速度大致可以猜到二氧化碳什么时候能将瓶子一半充满。到那时，我就取出广口瓶中弯曲的玻璃管，停止气体输入。

"现在，该取出弯曲的玻璃管了。取出了弯曲的玻璃管，广口瓶就可以当作人造狗窟洞——在瓶子下半部充满了二氧化碳，瓶子上半部分充满空气。你们看，瓶子中两种气体的外观是一样的，因为它们同为无色透明的气体，所以我们不能借助眼睛看出二氧化碳的位置，或是空气的位置。不过，我们虽然不能借助眼睛分辨出这两种气体的明显界限，却知道这两种气体是真实存在的。

"我将烛火慢慢伸探入瓶中。开始的时候，它还在继续燃烧，但随着往下伸入，直到到达某个界限，火焰开始变得暗淡。这就是上下两层气体的分界线，我将烛火伸到界线以下，使其完全淹没在二氧化碳里，烛火就会立即熄灭。这就是约尔想看的实验——烛火在狗窟洞中的变化，烛火将随着所处位置的高低，而或燃烧或熄灭。

"现在，请想象一下瓶子里放着一高一矮两种动物，矮的动物完全淹没在下面的气层里，高的动物抬高脑袋能伸到上面的气层里。矮的动物在短时间内会死亡，因为它所吸入的气体是不能维持生命的；而高的动物却没有不适的感觉，因为它有大量的空气可呼吸。人和狗在狗窟洞中的情形就是这样的。"

Chapter 21
各种水

二氧化碳水溶液

"孩子，如果我们认为化学就是一连串的实验，是空暇时的消遣，那可就大错特错了。虽然，我们觉得观察镁在氧气中燃烧释放明亮的光芒，或者点燃一个氢气泡，都非常有趣，但学习化学的目的却并不只是如此。化学是一门严谨的学问，与我们的宇宙、与我们周围的物质都有着极为密切的关系。今天我要来给大家讲解汽水、啤酒等饮料为什么会发出气泡。

"我们打开汽水瓶盖，或将汽水从瓶子里倒入杯中，汽水就会产生许许多多的泡沫，这是由于汽水中含有大量的二氧化碳。啤酒发泡也是如此。"

约尔问道："汽水的那种辛辣味是不是也是由二氧化碳引起的？"

"没错，虽然二氧化碳是一种极弱的酸，但它仍具有所有酸类物质所特有的味道，只不过淡一点儿而已。"

"那岂不是我们喝汽水的同时还会喝下很多二氧化碳？这不是对我们的身体有害吗？"

"如果二氧化碳被大量吸入肺脏是有害的，但如果仅仅进入胃内，反而会因为它具有酸性而促进消化。你们应该明白，虽然二氧化碳不利于人的呼吸，但对于人的胃却是没有任何害处的。正如水是不利于呼吸的，因为水进入肺脏中会妨碍空气供应，没有人敢在水中呼吸，若是呼吸了水，就会闷死，也就是我们常说的溺亡。但是，水仍是一种最好的饮料。二氧化碳的性质与水相似：它可以被吸入胃中，并且没有任何危险，而且如果和一种饮料混合还会促进消化，不过如果有人敢无限制地呼吸它，就会立刻被闷死。

"我们喝的所有水中差不多都含有天然的二氧化碳。因为这种气体在化学反应后会使我们在饮水时得到一种石质，供给我们全身骨骼的生长。我们平时所喝的水，无论外观怎样清澈，其实都不是绝对纯净的，其中都溶有杂质。在使用时间较长的水壶底部积存的坚硬石状物质就是一个强有力的证据。这种石状物质覆盖在器壁上，非常牢固，必须用浓度高的酸性物质，比如食醋，才能将其去除。它的附着力之所以这么强，就是因为它真的是石子，它的材质与建筑用的石子是一样的。它就是石灰石。由此可知，无论怎样清澈的水中均溶有石子，这就像有甜味的水中肯定溶有糖分一样，但我们的眼睛是看不见这一切的。"

爱弥儿说："这样说来，我们每喝一杯水，就是在吞下一粒石子。我可从来没想过这样的事。"

"孩子们，幸亏我们常常吞下一些石子。身体的生长发育是离不开石灰石的，它会成为制造骨骼的原料。骨骼对于人体的作用就像梁柱对于建筑物的作用一样。机体所需要的石灰石并不是我们自己制造的，而是从饮食中获得的。其中，水是我们获得石灰石的主要来源。如果水中不含有石灰石，那么机体的骨骼是无法正常发育的，我们的身体将瘫痪。"

石灰石溶解
小实验

"我们可以借助一个简单的小实验来了解石灰石是怎样溶解在水里的。这个小瓶子里盛有少量澄清的石灰水，我将制取二氧化碳的装置中的弯曲玻璃管插入瓶底，澄清石灰水变为乳白色。我们知道这是由于二氧化碳和石灰化合而变为碳酸石灰——石灰石、白垩

粉的原因。这个实验之前已经做过，没什么新奇的。不过，我们若是将二氧化碳持续通入石灰水中，那么当所有石灰均与二氧化碳化合后，碳酸会再和碳酸钙化合，生成可溶解的碳酸氢钙。所以我们将看见这种液体会渐渐由乳白色变 澄清 。

> 澄清石灰水即氢氧化钙，可与二氧化碳反应生成碳酸钙。而若向澄清石灰水中通入过量二氧化碳，则碳酸钙会变为碳酸氢钙，碳酸氢钙可溶于水中，故再次澄清，而非原著中的原因。由于本书写作时代限制，对于这个问题的解释存在错误。

"现在，你们看一看，那白色的物质是不是已经消失了？液体已经变得澄清了。但是，我们却可以断定，虽然我们在液体中看不到任何物质，但一定会含有刚刚所生成的碳酸氢钙，只不过碳酸氢钙已经溶解在水中，我们看不见而已。我们再将刚刚所学的知识总结一下：

含有二氧化碳的水能溶解少量石灰石。

"现在，我还想告诉你们一点：如果将溶有碳酸氢钙的澄清的水静置几天，那么其中的二氧化碳就会渐渐析出。就像将汽水在杯子里放置过久后二氧化碳就会逐渐消失一样。溶解的石灰石也会因为失去了一部分二氧化碳而逐渐析出，又变为白色粉状物质。而我们可以设法加速这种变化：只要将液体加热，其中的部分二氧化碳就会被逐出，白色的粉末又会被重新分离出来。这个实验可以让我们明白：首先，只要水中含有二氧化碳都能溶解少量石灰石；其次，如果水中溶有石灰石，在空气中暴露过久或被加热，其中的二氧化碳就会析出，同时水中溶解的石灰石就会被释出。

"我们前面已经介绍过，所有的泥土中都含有二氧化碳，大气中也都含有二氧化碳。对于这一点只需想一想每天工厂中的燃煤发动机器和厨房中烧柴煮饭所产生的二氧化碳就可以明白了。因为流过泥土的泉水和穿过大气的雨水在途中均会接触二氧化碳，所以都会有一部分气体溶解在水中。之后，它们流过有石灰石的地方，就会再溶解少量石灰石，这就是各种天然水中都含有碳酸石灰的原因。但是如果这种天然水在空气中久晒，其中所含的二氧化碳就会渐渐析出。同时，其中所溶的碳酸石灰也会恢复原本的石子形态，并沉积在水中的物体上。盛水器皿内壁上的石质，即所谓'水垢'或'锅垢'，就是这个原因造成的。

"适合饮用的水中都含有少量的石灰石。听过我解释了我们的骨骼构成，相信你们一定很容易理解其中的道理。不过，如果水中含有的石灰石超量，我们胃里就消化不了了，其最适当的分量是1升水中含有0.1克～0.2克，只要天然水中所含有的石灰石超过了这个比例，就被称为硬水，不适于饮用。

"有些泉水含有大量的石灰石，如果浸入某些物体，就会很快在其表面生成一层石质，这样的泉水被称为石灰矿泉。例如，克勒芒斐龙地方的圣阿列勒矿泉，就是很有名的石灰矿泉。泉水流泻在草丛之间，溅起了朵朵水花，如果将花朵、树叶、果子等东西放在这种水花中，其表面会生成一层石质，看上去就像是用大理石雕刻出的一样。很明显，这种水是不适合饮用的。"

爱弥儿赞同道："这种泉水当然是不适合的。如果我们喝了这种水，胃里就会留下许多石灰石，无法消化。"

饮用水常识

"我们家中的饮用水，虽然不会含有这么多的石灰石，但有时也足以引发问题，特别是在洗濯上。你们一定留意过，只要是水中溶有肥皂，水就会变得白一些。水变白并不是肥皂导致的，肥皂如果溶解在纯净水中，几乎是无色的。普通的水在溶解了肥皂后变白，大多是因为水中含有石灰石。如果水中含有过多的矿物质，就不能有效去污，因为肥皂在这种水中溶解性会变差，大部分肥皂会变为微小的颗

粒悬浮在水中，使水变为白色，进而不与污物发生反应。

"这样的水不但不适合用来洗涤，而且也不适合烹饪，特别是烹调块状的食物。因为水中的石质包在食物的表面，就算煮一天也无法将食物煮熟。这样不适合洗涤的水当然也不适合饮用。如果我们喝了这样的水，胃中会积聚很多石质，妨碍消化。

"现在，我还要向你们介绍一个关于饮用水的重要性质，那就是：水中必须溶解少许空气。

"当我们烧水时，加热不久后就能看见气泡从水底冒出，这些气泡并不是水蒸气，因为温度还没有达到使水汽化，它们是空气的气泡，是溶解在水中的空气被热量驱逐而出的。饮用水中一定要含有这种溶解的空气，如果水中不含空气，那它的味道是非常不可口的，甚至会引起恶心和呕吐。刚刚由沸水冷却的微温的水之所以喝起来没有味道，就是这个原因。所以最好的饮用水是泉水和流动的水，因为它们在不停流动，常常与空气接触，能溶入很多的空气。相反，静止的水与空气接触比较少，不容易溶入空气，而且常含有腐败的物质，喝了有碍健康。

"我说过，一般情况下，水中都会含有少量二氧化碳。现在，我还要再补充几句：一些泉水中含有大量的二氧化碳，甚至会生成气泡，并带有酸味，这种泉水被称为起泡矿泉，塞尔占和维乞等矿泉就是著名的例子，这种矿泉中产的水可以供给医用。"

碳氧化合物 与呼吸的 关系

"我们关于水中的二氧化碳已经介绍得不少了。最后，让我们说一说碳和氧化合而成的气体与人类呼吸的关系。我要说的是'碳和氧化合而成的气体'而不是说'二氧化碳'，因为碳在燃烧时可以产生两种不同的气体：二氧化碳和一氧化碳。碳完全燃烧时，生成的是二氧化碳，或称为碳酸酸酐。我们已经知道二氧化碳是一种有碍于动物呼吸的气体，若是人连续呼吸它，并且不换气的话，在几分钟内就会闷死。不过，它并不是一种有毒的气体。我们在饮料中时常可以喝到它，尤其是在喝汽水或啤酒时；在面包中时常吃到它，因为面包中松软的小孔，几乎全是面粉发酵时所产生的二氧化碳；在大气中时常吸到它，因为大气中几乎都含有少量二氧化碳；最后，我们自身便是一个产生二氧化碳的源泉，我们在呼吸时会呼出二氧化碳。从此可知，二氧化碳并不是一种有毒气体。而纯净的二氧化碳会使人闷死，并不是因为这种气体本身有害，而是由于它不能供给我们呼吸所需的氧气，正如氮气也会使人闷死一样。

"然而，一氧化碳的性质和二氧化碳完全不同：它是一种有毒气体，即使吸入少量，也是有害的。更危险的是，假如这种气体在我们屋子里产生了，我们却看不到它。一氧化碳是透明、无味的气体，直到受到它的伤害后，我们才能知道它的存在。我们时常在友人处听说或在报纸上看见，许多不幸的人，他们都因为疏忽或无知，在密室中燃烧煤球或木炭，最终中毒而亡。这些悲惨事件中，碳燃烧时产生的一氧化碳是肇祸的主因。我们就算是闻了少量的一氧化碳，也会出现严重的头痛及不适感。如果继续吸入，可能会引发知觉减退、眩晕、恶心和极度疲劳。如果这样的状况继续下去，生命就将陷于危险之中，死亡随时可能到来。

"我们必须知道什么状况下会产生这种可怕的气体。因为一氧化碳是碳不完全燃烧时生成的，所以它的产生原因显然是有什么物质阻碍了碳的燃烧，但同时又未使它完全熄灭。因此，如果燃烧时通风不畅，缺乏充足的空气，便会产生一氧化碳气体。请想一想炭火在炉中燃烧时是怎样的情况：起初，燃料大部分是冷的，气流也因温度太低而并不活泼，所以此时燃烧是很迟缓的，火焰也是蓝色的。之后，燃烧逐渐变旺，蓝色的火焰就不见了。这种蓝色火焰就提示着一氧化碳的存在，因为一氧化碳在燃烧时会产生这样的火焰而变为二氧化碳。以后如果你们看见在燃烧的燃料中有

蓝色火焰产生，就可以确定有一氧化碳气体存在。

"现在你们应该明白了，当煤球或木炭在这种状态下燃烧时，其所产生的气体若是不从烟囱逸出，而分散到我们的房间里，将是一件十分危险的事情。如果房间面积很小，而四周的窗户又是关闭着的，那这种危险就更严重了。在狭小的房间里千万不可以使用炭盆、煤球炉或风炉等没有烟囱的燃烧器皿，因为那里通风不良，燃烧不充分，常会产生这种透明的有毒气体，它将在暗中作怪，使人防不胜防，甚至未及发觉就已经中毒身亡。不过，人们站在炭盆或煤球炉边时，常常感觉头痛，头痛就是一氧化碳气体向我们发出的唯一警告，我们应随时捕捉这种警告，以保护生命安全。"

Chapter 22
植物的工作

朋友与厨师

保罗叔叔说道："今天，我要给你们讲一个故事，这是一个关于我的朋友怎样被一位著名厨师斥辱的故事。"

在一个节日里，我的朋友看见一位厨师在厨房里烹饪，炒锅在炉灶上徐徐沸腾，一股很强烈的香味从锅盖下飘出。

我的朋友问厨师："你在做什么菜？"

厨师的脸上露出得意的笑容，答道："栗子鸡。"说着他就将锅盖揭开，满屋子立刻漫布着一股美妙的香味。

我的朋友说了很多称赞的话，然后继续说道："你的手艺果然很好。不过，使用优质原料烹饪出美味的菜肴也不是一件困难的事情。理想的烹饪是不用鱼、不用肉、不用家禽、不用野味、不用一切蔬果，就能做出一道美味的菜肴。现在，你要烹饪一道菜，先要上街买原料，这不是很麻烦吗？如果你能用非常普通又容易得到的食物来做成一道美味的菜肴，那才是真的好手艺呢！"

厨师听罢，愣了会儿神。

他大声地问："什么！不用鸡就能烧出鸡的味道吗？你是不是有这样的手艺？"

"我怎么会有这样的手艺，不过我知道世界上的确有这样的大师。你和你的同行如果和这位厨师相比较的话，恐怕就算不上手艺高明。"

厨师的眼睛闪着怒火，他的自尊心受了极大的打击。

"那么，请问他使用的是什么原料呢？我想，他不用原料总是烧不出菜的吧？"

　　"他所用的原料极为简单。你要看吗？全在这里了。"

　　我的朋友从袋子里摸出3个小瓶来。厨师拿起一个瓶子一看，只见其中盛着一些黑色粉末，他倒出一些，尝了尝味道，又闻了闻香气。

　　厨师说道："是木炭！你在和我开玩笑吗？让我看看其他瓶子里都放了什么。哈哈！这是水，对不对？"

　　"不错，这是水。"

　　"还有一瓶呢？咦！这瓶子里什么东西也没有啊！"

　　"怎么会没有呢——这个瓶子里装的是空气。"

　　"空气！妙极了！用空气来做成的菜一定能被很好地消化，你一定很想吃空气鸡吧？"

　　"很想吃。"

　　"不是说笑吧？"

　　"不是说笑。"

　　"他真的用炭、水、空气来烹饪菜肴吗？"

　　"真的。"

　　厨师的脸变青了。"用炭、水、空气就能烹饪出一盘栗子鸡？"

　　"是的，100盘也能做。"

　　厨师的脸开始由青变紫，由紫变红。最后，他爆发了。他认定我的朋友发疯了，是专门来和他捣乱的。因此，他抓着我朋友的肩膀，将他推出了门外。随后，3个小瓶也被扔在我朋友的身后。之后，那红色的脸又由红变紫，由紫变青，由青变回了原本的颜色。不过，炭、水、空气可以做成栗子鸡的事实，却始终不曾被证明。

3种美味菜肴的原料

约尔说："你的朋友是不是真的在和厨师开玩笑？"

"不是，他并不是在开玩笑。他的3个小瓶的确是美味菜肴的原料。我不是说过吗？木炭的碳可以组成面包、牛肉、牛奶，以及很多很多可以作为食物的物质。你记不记得你曾经烘烤一片面包时间太长，以及将一块牛肉忘记在炉灶上，这些东西后来变成的样子？"

"我知道了，你的朋友在说食物的化学成分。的确，碳是组成面包的原料之一，但其他两种呢？"

"第二种——水，这也是很容易解释的，将一块玻璃悬在一片烘焙的面包上面。不久，你就可以看见那片玻璃上产生了一层'水汽'，正如我们嘴里呼出的'水汽'一样。这层'水汽'便是从面包中蒸出来的。由此可见，虽然面包看上去很干燥，其实却含有水分。如果我们能完全提炼出一片面包中的水分，你们一定会对它的水分含量感到吃惊。我们每吃一片面包，同时也吃下了大量的水。"

爱弥儿不同意地说："不过水是用来喝的，并不是用来吃的。"

"我之所以说我们吃水，是因为在面包里的水既不流动，又不解渴。它是固体而不是液体，它是干的而不是湿的，它是要嚼的而不是喝的，或者再说明白一点儿，它已经不再是水了，而是水、空气和碳相互结合而成的物质。"

爱弥儿说："我已经明白水是组成面包的原料了，不过为什么另一个瓶子里的空气也是面包的原料呢？"

"我们很难用简单的方法来证明这个事实，我们的食物中所含的3种物质，我已解释了两种，即碳和水，至于空气为什么存在于食物中，我只能请你们相信我所说的话了。"

"我们当然相信，不过，你还要和我们讲什么呢？"

"你们先不要着急，等我讲下去你们自会明白。你们已经知道，面包是由碳、水和空气组成的，这3种物质相互结合后，就会改变它们原本的性质，而成为另一种物质。黑色已经变为白色了，无味已经变为有味了，不营养的物质已经变为有营养的物质了。

"假如将肉类加热，它可以告诉我们相同的事实：它变为了碳，同时释放出含有水和空气的气体。我们可以不再追究其他的食物了，因为其结果是相同的。只要是我们吃的、喝的食物，只要是能给我们提供营养的物质，它们都能变为碳、水和空气。所有从动物体和植物体得到的食物，几乎都是由碳、水和空气组成的，很少有例外。让我再解释得更明白一点儿：碳是一种单质——一种元素，其所含的元素也只有碳一种；但水是由氢元素和氧元素组成的；空气是由氧气和氮气等混合而成的。因此，碳、氢、氧、氮这4种元素是组成植物界和动物界中一切物质的最基础的原料。

"所以，我的朋友拿的3个瓶子的确能组成各种食物，因为所有味道好的菜肴都能变为碳、水和空气。所以，这3个小瓶子里所含的物质的确有着鱼、肉、鸡、鸭，以及一切食物中所含的基本成分。不过，虽然化学家能分解物质使其变为基本成分，却还不能将这些基本成分合并起来做成食物。"

"那么，你的朋友所说的大师又是谁呢？"

"是植物，尤其是草。在无论多么盛大的宴席上，每一道菜所用的原料只有3种，虽然它们的

世界上最伟大的厨师

形状和味道各不相同。食用泥土的牡蛎、用根在地下摄取养料的松柏、年糕上的霉菌——它们都吸收同一种原料，都靠碳、水和空气生存。所不同的就是这些成分配比的方法而已，狼和人——后者的食物与前者是一样的，均从牛羊或其他动物中获得碳；而牛羊或其他动物则从草中获得碳；而草呢？啊！说到这里，我们就理解了：草是牛、羊、狼、人等生物的食料供给者，它是世界上最伟大的厨师。

"无论是人或狼，在肌肉中都可以寻找到由碳、水、空气3者结合而成的精致、美味的食物；而牛羊同样可以从草中找到这样的食物，只不过可能没有那么精致、美味而已。但植物本身并未食用任何现有的食物，却能作为牛羊的养料而变成牛羊的肌肉，这是为什么呢？它究竟是从哪里获得的碳、水和空气呢？

"虽然草不食用人类或动物所吃的由碳、水、空气组成的食物，却能吃天然的，至少是近乎天然的碳、水和空气。因为植物有一个奇特的胃，它能消化碳元素，并摄取水和空气，将它们合成滋养品，并为牛羊等动物提供所需的碳、氧、氢、氮等元素。牛羊等动物获得了植物中所含的这些元素，又加工为自己的肌肉，最后人类或狼吃了牛羊的肉，这些元素就变为人或狼身体的一部分。"

约尔说道："原来是这样。人类用牛羊的肉或者其他食物来制造自身的肌肉，牛羊用草料来制造自身的肌肉，而草却是用碳、水和空气所含的元素制成自己的躯体，所以归根结底，我们所吃的一切食物，起初都是植物制造得来的。"

"是的，植物——而且只有植物能承担这样重大的工作。人可以从植物本身或其他吃植物的动物处得到构成其身体的原料；牛羊或其他食草动物可以从植物中直接得到构成其身体的原料；植物却可以直接摄取那些不可食用的碳、水和空气中所含的元素，借助一个很巧妙的方法将它们变为一种适于动物所需的滋养品。因此，为地球上所有居民供给食粮的是植物。如果植物停止工作，那么一切动物都将因不能直接摄取碳、氧、氢、氮等元素而饿死。牛羊因得不到草料而饿死，狼因得不到牛羊肉而饿死，人类因得不到各种食物而饿死。"

　　爱弥儿说："我明白了，因为植物能将你朋友的3个小瓶子里的物质直接制成食物，所以它才是最伟大的厨师。"

　　"是的。再说，植物摄取食料并不是吃进去的，而是吸进去的，所以植物摄取的并不是天然状态的碳单质，就像你们常见的黑色粉末那样，而是已经溶解在其他物质中的一种非固体碳，其溶媒是氧，氧将碳变为了二氧化碳。这些二氧化碳就是植物的主要食物。"

植物与二氧化碳

　　"我们吸多了二氧化碳，就会闷死，你却说植物是靠二氧化碳而存活吗？"

　　"没错，孩子，植物是靠二氧化碳维持生命的。虽然我们吸多了二氧化碳会闷死，但植物却能将二氧化碳转化为我们的食物。请你们记住：在人类呼气时，或一切物质在燃烧、发酵、腐败时，都将产生二氧化碳，它将混杂在大气中。因此，如果没有个体将这种杀人气体随时收集、捕获，那么几个世纪后，地球上将被二氧化碳充满，不再适合人类生存。让我们先来看一看产生的二氧化碳的总量统计：

　　一个人24小时内呼出的二氧化碳约为450升（约重880克），这样大量的二氧化碳约等于240克已燃的碳和从空气中夺取的450升氧气（约重640克）的分量。

　　照此比例，全世界的人类（按20亿算）每年呼出的二氧化碳约有3285亿立方米，其中含已燃的碳约1752亿千克。

"若是将这些碳堆叠在一起，完全可以堆成一座很高的山峰。这也就是维持全世界人类的体温所需要燃料的分量。我们人类每年必须摄入更多分量的碳，之后随时将它变为二氧化碳并呼出体外。这样看来，自从人类诞生以来，人类呼出气体中所含的碳不知道可以堆成多少高的山峰呢！

"我们还需计算一下各种陆地动物、海洋动物，它们呼出的二氧化碳的分量也是很惊人的，因为它们的数量远远多于人类，它们每年呼出的气体中所含的碳也许可以堆积成一座像勃朗峰那样高的山峰呢。试想一下，维持全世界生命所需的碳的分量是多么的巨大啊！这么多的杀人气体积聚在大气中是多么危险啊！

"这个统计还未结束呢，一切发酵物质，例如，酿酒用的葡萄汁、烘焙用的面粉，以及一切腐败物质，例如，垃圾桶中的垃圾、农业中的肥料，都是产生二氧化碳的重要源泉，就算是平均铺在每一亩田地中的很薄的肥料，每天也能产生100立方米甚至更多的二氧化碳。

"煤、木柴、木炭以及其他可用作取暖或烹饪的燃料，还有工厂中维持机械运转所需的大量的煤——这些也常常产生二氧化碳并逸散于大气中。试想一下，工厂中每天要消耗那么多的煤，从工厂的烟囱里逸散的二氧化碳的分量应该有多少啊？至于天然的烟囱——火山所喷出的二氧化碳的分量，就更惊人了。若将工厂的炉灶和火山相比，那可真是渺小极了。

"这是很明显的：虽然地面上产生的二氧化碳的分量多到无法计算，但无论是现在还是将来，所有动物却并未因此而闷死。大气每时每刻都在染毒，也每时每刻都在消毒：一旦二氧化碳混入大气中，就会立刻被拘禁起来。那么，是谁在担当卫生警察呢？孩子们，这位卫生警察就是植物，植物吸收了空气中的二氧化碳，一方面，使我们不至于因无法呼吸而闷死；另一方面，为我们将二氧化碳制成食物。一部分二氧化碳是由一些腐败物质产生的，而二氧化碳却是植物的主要食料。植物那神奇的胃最喜欢腐败的物质，只要是被死亡所毁损的物质，植物都会再将其重建。"

碳的踪迹

"在我们呼吸的空气中是含有二氧化碳，不过因为其所含的分量很少，不足以危及生命。在这个盆里盛有一些石灰水，当我昨天刚将其倒出时，它是完全清澈的。但是现在，你们仔细看一看它的表面，就可以看见一层透明薄膜，如果你们用针尖刺它一下，它立即就会破裂，很像是一层薄薄的冰。这物质究竟是什么呢？答案是：空气与石灰水接触，空气中的二氧化碳和石灰水化合而成为碳酸石灰。化合生成的碳酸石灰并不是白色粉末，而是一种透明的结晶薄膜。"

约尔道："泥水匠在调和三合土时，我常常可以看到溶有石灰的水面上有这种薄膜。最开始我还以为它是冰，后来看到它在太阳下并不融化，才断定它是另一种物质。"

"那是碳酸石灰，它和我们盆中的薄膜一样，都是由空气中的二氧化碳与溶在水中的石灰化合而成的。既然现在说到这里，让我们再讲一下水泥匠的三合土吧。你们知道怎样制作三合土吗？在石灰窑中，烧石灰的人先用高温烧大量捣碎的石灰石，逐出其中的二氧化碳，使其只剩下石灰。水泥匠将石灰与水和为糊状，并混以沙土，就制成了所谓的三合土。三合土可以涂在砖石的隙缝中，增加建筑物的牢固性。三合土在刚刚制成时是糊状的，所以很容易涂到空隙里，之后一部分湿气蒸发逸出，在沙砾间露出微孔。于是，和了水的石灰就渐渐结合了大气中的二氧化碳，而结为坚硬的石灰石牢牢贴在墙壁上，变得不易脱落。

"我之前就已经说过了，在四周的空气中常常有二氧化碳存在着：三合土变硬，以及石灰水面上的薄膜都是证据。不过，二氧化碳在大气中的

含量比例并不高，化学家用精密的仪器测算过空气中的二氧化碳，最终发现2000升空气中，至多只含有1升二氧化碳。那么每时每刻散至空气中的大量二氧化碳究竟都去哪里了？是植物将二氧化碳当作食物，每时每刻吸收着它。

"植物的叶子表面排列着无数的细孔，这些细孔称为叶孔，如 **图19** 所示。一片叶子上的细孔数量在10亿个以上，只不过因为它们非常微小，所以只有使用显微镜才能看出来。我无法给你们看它们天然的形状，只能给你们看这张放大的图片。这些叶孔就像植物的小嘴，植物借助叶孔吸收二氧化碳，它吸收的并不是纯净的空气，而是动物排出体外的二氧化碳。二氧化碳通过无数叶孔被吸入叶肉中，叶子受到阳光的照射开始工作。它将二氧化碳中所含的碳和水制成某种化合物，而将未使用的氧气完全释放出来。换句话说，就是植物将二氧化碳分解为氧气和碳，并留下其中的碳。

图19　叶孔放大图示

"我们要想分离因燃烧或氧化反应而化合的两种物质，是很困难的。化学家想要分解二氧化碳中化合的碳和氧，必须使用极为有效的药品，并使用复杂的方法和完备的实验器械，但植物的叶子仅仅依靠阳光的帮助，就能轻易、迅速完成这个过程。

"假如没有阳光，植物就不能消化它的主要食物——二氧化碳。这样的话，植物就会处于饥饿状态，茎叶将失去其展示健康的绿色，最终枯萎致死。这种因为缺乏阳光而产生的病态，叫'黄化'或'漂白'。所以，如果我们用一块瓦片盖在草上，瓦片下的小草过几天就会变为黄白色。种菜的人往往借此方法使某种蔬菜变得柔嫩，或减弱其怪异的味道。

"但是，另一方面，如果一株植物受了充足的阳光照射，就会立即夺去二氧化碳中的碳。氧气撇开了碳就从叶孔中逸出，又与氮气混合而成为可供呼吸、具有助燃作用的空气。过了一段时间，它依旧会带着新鲜的碳回来，再将碳留在植物的'栈房'里，之后再独自跑到大气中去找碳。正如蜜蜂从窠巢出发到田野，又从田野回到窠巢，来来回回往返不已，蜜蜂出发时去找蜜浆，回来时安放蜜浆。氧气就像是住在植物窠巢里的一种蜜蜂，它从动物的血脉、燃烧的燃料和任何腐败的物质中找到碳，再将其带回并藏在植物中，然后再外出去寻找碳，这样循环不息。

　　"至于那些已经和氧气分离的碳，会留在植物中和水化合为某种化合物，接着会变为糖、树胶、油、淀粉、木质纤维以及其他植物质。最后，这些植物质会随着腐败作用以及动物体内的营养作用而分解。其中，碳又与氧气结合成为二氧化碳，并回到大气中以供给另一次植物吸收。植物吸收二氧化碳之后，又将其中的碳制成食物，以供给动物取用。

　　"我以前曾经说过，在木柴中的碳可能会再在面包中出现，还说过我们的确可以吃到变为柴薪的食物。爱弥儿，你还记不记得这些话？"

　　爱弥儿道："我记得！我记得！你以前说的时候，我还没有完全了解，但现在我都了解了。一根木柴在炉膛中燃烧时，其中的碳会跑出来和氧气化合成为二氧化碳，并释放在空气中。之后，植物吸收这种气体，并将其作为食物，将其中的碳变为米、麦，或牛羊吃的草，这样我们就有了米饭、面包、牛肉、羊肉等食物。不过，木柴中的碳在释放到空气中后，说不定依旧会回到木柴中，再在炉膛中燃烧，也许经过了无数次这样的小循环，才又变为我们人类所需的食物。"

　　"没错，孩子，我们无法追究碳的踪迹。不过，大体说来，碳元素永不停息地循环着，从空气到植物、从植物到动物、从动物到空气……空气是一间公共'栈房'，一切生物都从空气中得到制造各种生物的主要原料，氧气是这种原料的输送者。动物可以从作为食物的植物或别的动物处得到碳，之后借助氧气的帮助，将碳变为二氧化碳，并释放到空气中。植物从空气中得到这种不可呼吸的气体，将其中的氧气送还空气，留下碳用

227

来制造人或动物的食物，所以动物界和植物界是互相依存的，前者制造二氧化碳供给后者，后者制造新鲜的氧气和营养的食物供给前者。"

约尔听见这样奇异的物质变化，很激动地说："在你所讲的化学课中，这节课算是最神奇的。当你开头说你朋友的3个瓶子使厨师的脸变色时，我还以为你在讲笑话，我没有想到这竟是一个严肃又有趣的故事。"

"没错，孩子们，我讲的故事的确既严肃又有趣，也许对于你们这些孩子来说有点儿过于严肃了，不过我感觉植物和动物之间的协调生活是非常美妙的，所以我想要让你们了解它。"

水中植物实验

"现在，我们先撇开这些严肃的解释，做一个实验吧。我们要证明植物的确会释放出二氧化碳中的氧，最简单的方法是在水下进行这个实验，因为这样可以让我们观察到植物释放氧气的过程，同时可以设法收集氧气。一般水里常常含有少量溶解的二氧化碳，这些二氧化碳或得于泥土，或得于大气，所以对于浸在水中的植物，我们不用专门供给二氧化碳。

"在容器中盛满普通的水，再投入几片新摘的、完整的叶子——最好使用水生植物的叶子，因为这种叶子可以较快完成实验，反应也进行得比较长久。然后，用玻璃漏斗将叶子罩住，漏斗柄上覆盖盛满水倒置的玻璃小筒或玻璃小瓶，将整套装置放在阳光下暴晒。不久，叶子的表面就会出现无数的细泡，这些细泡渐渐升入玻璃小筒底部，聚积为一个气层。由实验得知这种气体能使一支仅存火星的火柴复燃，所以证明它是氧气。由此可见，溶解在水中的二氧化碳已经被叶子分解，将氧气释放出来，而将碳留在叶子里。

　　"将实验室里特别设计的实验撇开不论，从普通植物的生活上也可进行最简单方便的证明。我们可以跑到屋后的池边，看到许多蝌蚪生活在这片静水中，有的在水滩边晒太阳，有的在深水中游泳。在这个池子里，还有很多软体动物在蠕动，各种小鱼在觅食。此外，还有贝蛤、虾、鳗鱼等其他水生动物。

　　"无论哪种小动物都呼吸着溶于水中的氧气。如果池子里缺乏这种维持生命的气体，小动物们就会闷死。不仅如此，水中还存在着一种极大的危险。池底全是些污浊的泥土，都是由腐败的物质，例如，落叶、枯枝、动物的排泄物等一切垃圾聚积而成的物质。这些腐败的物质时常释放二氧化碳，这种气体对于小动物的呼吸，例如，虾类、鱼类、贝类等，没有任何作用。那么池子里的二氧化碳究竟是怎么清除的呢？水中的氧气又是怎么来的呢？

　　"因为水中有水生植物担任卫生工作。它们吸收溶解在水中的二氧化碳，受到阳光的照射将二氧化碳中的氧气释放出来。腐败维持植物，植物维持动物。各种植物在静滞的水中担任卫生工作，其中要算丝藻最勤奋肯干，它是柔嫩的丝状植物，在水底石子上满满生长，缠绕成一条小绒毡的样子。我们如果将这种植物放入一个盛水的瓶子，暴晒在阳光下，不久就可以看见植物丝状体的网眼间嵌着无数的小气泡。这些气泡中的气体便是从二氧化碳中分解出的氧气。之后，气泡会越聚越多，最终托起植物浮至水面。

　　"此外，还有一个实验，也不需使用什么特别的工具，我们只需从水生植物上摘下一片叶子，将其放在玻璃杯里，再将玻璃杯放在阳光下暴晒。不久，我们就可以看见这个小小的制氧工厂（如 **图20** 所示）开

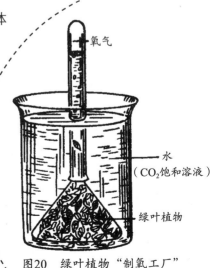

图20　绿叶植物"制氧工厂"

始工作了。当反应迅速进行时，如果将杯子移至阴暗处，就可以看见气体的释放立即停止了，若再将杯子移回到阳光下，就又看见气泡继续释放出来。由此可以证明，这样奇异的反应必须借助阳光。这是一个最简单同时也是最清晰的实验，我留给你们自己去尝试。

"你们可以从水生植物能在阳光下制造氧气理解水生植物在水中完成的卫生工作。这就像陆生植物能在陆地上净化空气一样。一切生长在水中的绿色植物如果受了阳光的照射，都能释放出含氧气的气泡，这些气泡溶解在水中，成为水中生命的基础。所以无论哪种不流动的水，只要其中生长着植物，就能维系生长在其中的各种动物的存活。

"综上所述，你们也许可以得到一些对于你们很有用的知识。你们不是常常在杯子里养鱼吗？然而总是失败。这是因为杯子里的水必须天天换才行，如果有一天忘记换水，鱼就会立即死亡。这就是由于水中的氧气已经被鱼用尽了。以后，你们要养鱼就需要在水中放上一些丝藻。植物和鱼可以互相帮助，植物将氧气供给动物，动物将二氧化碳供给植物，所以就算在不清洁的水中，两者也都能存活。总之，如果要想让你们养的小动物继续生存，就不能忘记请它的同伴——水生植物来陪它。"

Chapter 23
硫

二氧化硫的用途

"硫黄是一种你们很熟悉的物质，我无须再详细介绍。它大量存在于火山附近或深埋地下，有些是纯净的，有些是不纯净、含有杂质的。不纯净的硫黄还掺杂有泥土和石子，我们必须设法除去杂质。

"硫黄在氧气中燃烧会发出美丽的蓝色火焰，但同时也会产生一股难闻的气味，人呼吸后会导致呛咳。这种气体叫亚硫酸酸酐或二氧化硫，其水溶液叫亚硫酸。我们之前已经通过实验证明了这些。在空气中，硫黄燃烧比较缓慢，火焰也比较暗淡，不过也会产生二氧化硫气体。我们靠近燃烧硫黄的地方或摩擦火柴时闻到的呛味便是二氧化硫。二氧化硫有什么用途呢？今天我们要解答的就是这个问题，但我们需要先到园子里采一些紫罗兰和蔷薇回来。"

不久，采到了紫罗兰和蔷薇后，保罗叔叔将少量的硫黄放在了一块砖上，并用火点着，再将一束打湿的紫罗兰放在火焰上熏。湿润的紫罗兰接触了二氧化硫气体，顷刻间就褪色变白了，每个人都明显地看到蓝色变白色的过程。爱弥儿感到十分惊奇。

爱弥儿关注着叔叔的操作，高声说："哦！太有趣了！它们在烟雾中很快就变白了，有的花起初是一半白一半蓝，但蓝色渐渐褪去，最终都变为白色了。"

保罗叔叔继续说道："现在，让我们再试试蔷薇吧。"

说着，他又将一束打湿的蔷薇放在燃硫的火焰上，不久红色也渐渐褪去，最终也变为了白色。约尔和爱弥儿觉得这个实验既简单又有趣，都很想自己动手做一做。

　　"已经可以了。"保罗叔叔一边将漂白的紫罗兰和蔷薇交给两个孩子，让他们在空闲时自己去试一试，一边说道，"你们可以试一试使用其他的花来做刚刚的实验，尤其是红花和蓝花。只要是有颜色的花，将其打湿放在二氧化硫气体中都会变为白色。从此可知，燃烧的硫黄所产生的有臭味的气体具有漂白作用。"

　　"这种漂白特性的用途很广，甚至可以在家庭中应用。让我们说一说最简单的应用吧。这是一块棉布，我将一些樱桃汁染在这块布上。现在，我们想要将这些污迹除去，用肥皂水来清洗这种污迹是没有用的，只有将其放到燃硫时所产生的二氧化硫气体里，才能将污迹快速并完全地除去。因为花朵和果汁的颜色都是植物色质，二氧化硫既然能将各种颜色的花漂白，当然也能将樱桃汁漂白了。我将一些水洒在布上有污迹的地方，将其拿去放在燃着的硫黄上，而为了使燃硫时所产生的二氧化硫直接接触到要漂白的地方，我将一个纸漏斗倒覆在硫黄上作为烟囱，此时漏斗的出口可以准确地对着污迹。稍等一会儿，红色的染渍就渐渐褪为白色了，就像紫罗兰和蔷薇一样。现在，我们只需将漂白的部分在清水里洗净，那污迹就不见了。不易洗去的酒迹，以及葡萄、樱桃、杨梅、桃子等水果渍都可以用这个方法漂白。

　　"让我们再来说一种更奇妙的应用吧。只要是丝织品或毛织品，其天然色彩都不是纯白的，如果想要染色后显现出鲜明的颜色，就必须将原料预先漂白。此外，例如制作草帽的麦秆、制作手套的皮革等，在制造前也必须经过预先漂白才行。这是采用漂白红花、蓝花的方法来漂白丝、毛、麦秆、皮革等物品。"

硫黄的两种神奇用途

"硫黄还有许多实际的用途，其中的几种用途甚至会让你们觉得非常神奇，比如，它还能灭火呢！没错，孩子们，虽然硫黄本身是可燃的，但它的的确确能灭火。"

约尔问道："硫黄是一种很好的燃料，撒在火焰上可以助燃，它怎么还能灭火？我不明白。"

"你马上就会明白了，想要维持燃烧有两个必要的条件，一是燃料，一是空气，这两者缺一不可。试想一团面积很大的火焰，假设我们能切断空气的供给，它是不是会很快就熄灭？又假设我们能用一种不能燃烧的气体，例如，二氧化碳或氮气代替空气，火焰是不是也会立刻停止燃烧？"

"我明白了。假设我们在火焰上倾倒一些纯净的二氧化碳或氮气，那么这种不可燃的气体会笼罩住燃烧的物质，将助燃的空气挤走，火焰就会立即熄灭了。不过想要倾倒二氧化碳到火焰上去，好像是不可能的事情呢。"

"那倒也未必啊。虽然在户外不易做到，但在某些特殊的地方，例如，烟囱管道里，却并不困难。在烟囱管道里，火被围在狭小的孔道中，空气的入口只有上下两方，特别是下方。在这种状况下，要用不能燃烧的气体代替空气是很简单的事情。假设有一个烟囱着火了，放硫黄就是最快速、最简单的灭火方法。只要是不助燃、不自燃的气体都可以灭火，但是必须是快速产生的大量气体，并不需要任何复杂的设备。此时，虽然氮气和二氧化碳都适用，但由于它们产生时的反应很迟缓，而且需要准备特殊的设备，所以不是首选。二氧化硫才是适用于这种情况的灭火气体。因为我们只需将一把硫黄撒在烟囱下灶膛中的柴火上，大量的二氧化硫气体就会立刻产生。除此之外，没有任何气体能产生得像二氧化硫这样轻易、快捷和大量。在灶膛中撒下硫黄后，需要再将灶膛的开口用湿布遮住，那么所生成的二氧化硫就会流入烟囱，将空气赶走，并完成灭火的任务。"

爱弥儿说："虽然硫黄能灭火是事实，可是骤然听到还是觉得有些奇怪呢！我从来不曾想过世界上竟然有这样的事情。"

"这种气体的另一种用途也值得我们讲一讲。它还能杀菌、杀虫，可以用来消毒。举例来说，有一种叫寄生虫的生物，它会寄居在人体的各个部位，寄居在体外的有蚤虱、臭虫等，寄居在体内的有蛔虫、绦虫等，它们的种类极多。寄生虫中有一种疥虫，如 图21 所示，它能寄居在我们的皮肤中，在那里穿凿小小的隧道，像鼹鼠在田野里打洞一样。这种小隧道从皮肤表面看上去像是一种小疹，会使人感到奇痒。这便是疥癣的起源。"

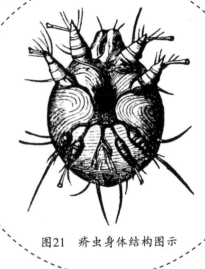

图21 疥虫身体结构图示

约尔问道："你是说疥癣是由于寄生在皮肤中的疥虫引起的吗？"

"是的，而且这种皮肤病极易传染，只需一个不患疥癣的人和一个患疥癣的人接触一下，就能被传染上。"

"那么这种使人发痒的可怕疥虫，它的形状是什么样的呢？"

"它的大小像极小的微尘，必须具有敏锐的视力才可能看见它。它的身体呈圆形，像一只小乌龟。它有8条腿，两对在前，两对在后，腿上生长着尖而硬的毛。行走时，它会伸出8条腿；休息时，它会将腿都蜷缩在拱形的身体下，好像乌龟将腿缩在甲壳里似的。它的嘴上长有尖钩和细

刺，它用钩和刺在皮肤中打洞，筑起长长的隧道以便自由行动，就像鼹鼠在泥土中一样。"

约尔大叫道："叔叔！请你不要再讲下去了，我都被你说得浑身痒痒起来了！"

"那么该怎样驱除这种寄生虫呢？它们潜伏在皮肤里面，我们无法看见它们，也不能将它们一个个捉住，因为它们的身体太小了，连看都不容易看到。而且它们的繁殖速度太快，往往会成千成万地繁衍，无法捉尽。在这种情况下，内服药物显然是无效的，想要根治这种病只有一个方法，就是将皮肤中的疥虫完全杀死。但是它们隐藏得那么好，我们怎样去消灭它们呢？问题也就在这里。我们知道，虽然疥虫是一种微小的生物，但是它们也需要呼吸空气，所以我们可以使用二氧化硫气体充满疥虫所潜伏的隧道。这种消毒方法若是实施得当，使疥虫一次吸入足够量的二氧化硫气体，就可以将它们全部消灭！因为二氧化硫是一种味道十分强烈的气体，就算是我们在擦火柴时闻到了少量气体，也会觉得十分难受。"

硫黄燃烧与催化剂

"通常状况下，二氧化硫是硫黄燃烧时所产生的唯一气体，我们已经亲自验证过这个事实了。现在，我要告诉你们，硫黄不但能变为二氧化硫，并且还能变为含氧更多的氧化物，叫三氧化硫。三氧化硫溶于水，能与水化合成为一种强酸，就是我们制取氢气时所使用的硫酸。然而，通常我们将硫黄燃烧时，无论供给多少分量的氧气，产生的都是二氧化硫，那么三氧化硫究竟是怎么生成的呢？化学家告诉我们：二氧化硫和氧气原本就可以化合为三氧化硫，不过这个反应在通常状况下不会发生，只有将混合气体通过炽热的铂粉才可以。在这里，铂粉起到促进其他物质发生化学反应的作用，而铂粉自身并不参与物质化合。这在化学上叫作'催化剂'。催化剂对于化学反应的作用和润滑油对于机械一样，催化剂能使化学反应快速进行。这就像润滑油能使机械快速转动一样。我们之前用氯酸钾制取氧气时，不是也加入了一些二氧化锰加速氯酸钾分解吗？那里的二氧化锰也是一种催化剂。

　　"将按照上述方法制成的三氧化硫通入水中，就可以制成硫酸，这是制造硫酸的一种方法，叫接触法。此外，还有另一种制造硫酸的方法，叫铅室法。你们知道，在化合物中有许多含氧极丰富的物质，有些物质中所含的氧结合得并不牢固，有时只需稍稍加热，就可以释放出来。例如，将氯酸钾放在炭火上就能产生氧气。有许多含氧的物质能将其中所含的部分氧转给不含氧或含氧不多的物质，硝酸就属于这一类。硝酸是一种用处十分广泛的强酸，可以用来氧化不含氧或含氧不多的物质。因此，若是硝酸和二氧化硫相互接触，硝酸就会送给二氧化硫一部分氧，使其成为三氧化硫。三氧化硫遇水蒸气就可以成为硫酸。那些烟囱中喷着黑烟的工厂，有许多都装备着巨大的炉灶，在制造着所有工业都不可缺少的硫酸。由燃烧含硫的黄铁矿得到的二氧化硫，由硫酸与硝石作用而生成的硝酸蒸气，以及由蒸发水而得到的水蒸气，一起被注入像屋子一样的大铅室中，硝酸送出氧使二氧化硫变为三氧化硫，再和水蒸气化合成为硫酸。

　　"硫酸是一种油状液体，比水约重2倍。纯净的硫酸是无色透明的。通常情况下，硫酸总会混有杂质而略带棕色。浓硫酸遇水能放出高热，我们制取氢气时感觉瓶子热，就是因为发生了这种变化。现在，让我们再做一次实验来证明这个事实。

　　"这个杯子盛有少量的水。我小心地倒入一些硫酸，并将其搅匀，这种混合物变得十分温暖。我们尝试用手触摸杯壁，就可以立刻察觉。硫酸对水有极强的吸收力，下面的实验可以证明这个事实。在杯中倒入少量浓硫酸，将其在空气中放置几天后，可以明显看见杯子中的液体已经增加了一倍多。这种体积的增加就是由于硫酸从四周的空气中吸收了大量水蒸

237

气。当然，硫酸吸收了水分后，它的酸性就减弱了，所以我们要想保证硫酸的强酸性就必须将它放在一个密封的瓶子里才行。

"硫酸对于水的强吸收力成为其最显著的一种性质。动物质或植物质一般都是由碳和水（氢、氧）化合而成的，如果有哪种动物质或植物质和浓硫酸相遇，就会立即被夺去水分（氢、氧），只留下碳，就像燃烧过一样。所以，一切动物质或植物质受硫酸作用后都会被碳化——所谓碳化的意思就是变为了碳。例如，一根火柴杆是一种植物质，我将它浸在浓硫酸里，等过几分钟后拿出时，这根木杆已经变为黑色，这就是被浓硫酸变为了碳或称为碳化。"

无色墨水实验

"现在，我要做一个很有趣的实验，在一小匙水里滴入一滴硫酸。此时，虽然液体看上去还和清水一样，但已经具有了非常强烈的气味，就像柠檬汁一样。我将用这种无色液体代替墨水。因为毛笔和钢笔都会与硫酸发生反应，所以我要用鹅毛管做笔，我用的纸就是通常的白纸。现在，你们看一看会发生什么。"

保罗叔叔从爱弥儿的本子上撕下了一张白纸，并用鹅毛管笔蘸了一些硫酸和水的混合液体，在纸上书写了几个字，等湿气干后，纸上却什么也没有，就和用清水写字时一样。

保罗叔叔将纸递给了两个孩子，说："你们能读得出来吗？我用化学墨水写在这张纸上的字是什么？"

孩子们将纸接过来，在阳光下仔细检查，结果翻来覆去还是没看见任何字，甚至笔迹也没找到。

爱弥儿说："您的墨水并不黑，我没看到任何字迹，要是当时我没有亲眼看你写字，我一定会说这张白纸上什么字也没有。"

　　保罗叔叔说："但是，我可以想办法将这几个不可见的字显现出来。我只要将这张纸在火上烘一烘，你们就可以看见这个神奇的变化了。"

　　就像变魔术一样，那张纸刚刚放到火上，一个个黑色的字就在白纸上显现出来了。其中，有几个字显现得很快，有几个字先显现一半，后来随着移动纸张才显现完整。两兄弟读出了写在白纸上的完整句子："被硫酸碳化。"

　　爱弥儿注视着一个个显现出的黑字，惊异地说："奇怪！真奇怪！请将您的魔术墨水借我用用吧，叔叔，我要去给我的一个朋友看看呢。"

　　"你想要就拿去吧。现在，硫酸掺入了大量的水，已经没有什么危险了，就算不小心溅在手上也不要紧。现在，我要解释无色墨水能写出黑字的原因。纸是用植物性物质，比如，破布、竹子、木材、稻草等制成的，所以其中含有碳、氢、氧3种元素，纸受热时，无色墨水中的微量硫酸就会夺去纸质中的氢和氧，使之变为它所喜欢的水，在纸上只留下碳。于是，纸上就显现出了黑色的字迹。这就是无色墨水写出黑字的奥秘。"

危险的硫酸

　　"我觉得这个实验已经足够使你们理解浓硫酸是多么危险的物质了。它能将一切动植物质变为木炭，它不但是一种强酸，甚至可以说是一股强烈的火，所以我们拿取浓硫酸时必须万分小心。即使衣服上沾上很少的一滴浓硫酸也会被腐蚀出一个焦黄色的小孔。皮肤上沾上一滴浓硫酸需要立刻用大量清水冲洗。如果被侵蚀的时间久

了，就会引起剧痛，皮肤会有像火烧一样的感觉。

　　"虽然硫酸极为危险，但它在工业上却有着广泛的用途，纺织厂、鞣革厂、造纸厂，以及制造玻璃、肥皂、蜡烛、染料等的各类工厂都离不开硫酸。这里我所说的需要使用硫酸并不是说一尺布、一块肥皂或一张纸的成分中含有硫酸，而是指在制造这些物品的过程中必须要用到硫酸。硫酸是制造日常用品的必备原料，非常重要。假如没有了硫酸，那么上述物品的生产都将无法完成。

　　"我们以玻璃为例。玻璃是用熔融的砂和碳酸钠（也称为苏打）制成的。砂是天然出产的物质，它的供给不成问题，但碳酸钠却需要专门制造，碳酸钠是用硫酸钠制造的，而硫酸钠却又是由食盐与硫酸反应制成的。所以虽然玻璃本身并不含有硫酸，但是若没有了硫酸，那么食盐中的钠就不能跑到碳酸钠里，没有了碳酸钠，玻璃就无法制造了。肥皂工业需要硫酸的原因和制造玻璃相同，肥皂的组成中也含有钠。煤可以在火炉里燃烧，产生蒸汽转动机器，硫酸可以参与各种重要的化学反应——这两者是现代制造业中的最有力因素。"

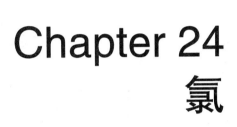

Chapter 24
氯

分离食盐

"我们已经多次提到食盐了，我曾经告诉过你们，食盐是由一种叫钠的金属元素和一种叫氯的非金属元素化合而成的，按照化学语法，食盐应叫氯化钠。"

爱弥儿已经听说过金属钠这种元素，他好奇地问："你是不是想给我们看看钠？让我们了解它的性状？"

"不，孩子。虽然钠在药房中有卖，可它的价钱很贵，我们这间简陋的实验室是买不起的，所以我们只能叙述它的性状。请试想这样一种物质：光泽如铅的新切面；硬度极低，能被手指压扁，它可以像蜡一样被塑成各种形状；将一块钠放入水中，它会浮在水面；易燃，燃烧时像火球一样在水面上不住旋转。草木灰中的金属钾的性质与钠相似，而且更加强烈。现在，我们来解释一下为什么这两种元素遇到水会燃烧。

"水是由什么元素组成？氧元素和氢元素。自从去铁匠铺参观后，我们就知道了热铁能分解水，因为它可以夺取水中的氧而将氢释放出来。钠和钾以及其他几种金属物质，尤其是组成石灰的金属钙，也与铁一样，能分解水并夺取其中的氧，同时将氢释放出来。而且，它们与水所发生的反应比铁还要强烈，而且不用加热。金属和氧化合时会释放出高热，引发水中释放出的氢气着火燃烧，这就是浮在水面上的钠球会像火球般旋转的原因。等火焰熄灭后，钠已经完全和氧气化合为氧化钠，溶于水，不会留下任何痕迹。但溶解氧化钠的水却有着碱水一般的气味，而且它还会使红石蕊试纸变为蓝色。

"虽然我不能将食盐中的钠分解出来给你们看一看，但我至少可以给你们看一看组成食盐的另一种元素——氯元素，它是比钠更重要的一种元素。想要从食盐中制取氯，可以向食盐和二氧化锰的混合物中倒入硫酸，然后慢慢加热即可。

"这个操作所需要的装置和制取氧气的装置是一样的。在烧瓶里，放入等质量的食盐和二氧化锰，再倒入一些硫酸，将它们搅拌均匀，然后将带有弯曲玻璃管的软木塞塞好瓶口，将烧瓶放在炭火上慢慢加热，不久就会有氯气从混合物中产生。氯气是一种比空气更重的气体，所以我们可以使用收集二氧化碳的方法来收集。也就是说，我们可以将烧瓶口的弯曲玻璃管直接通入广口集气瓶的底部，无须在水下进行收集。

"我们的化学课从开始到现在，讲到的都是一些无色透明的气体，例如，空气、氢气、氧气、氮气、二氧化碳以及一氧化碳等，它们都是我们用眼睛看不见的。如果你们因此就认为所有气体都是这样的，那就大错特错了。现在，我们所讲的氯气就是一种可见的、黄绿色的气体，所以它的俗名也叫绿气。

"氯气有淡淡的颜色，并且它比空气重，所以我们能看见它从集气瓶底部挤开空气，在那里慢慢聚积。看这里！在集气瓶底部的那些黄绿色气体就是我们所说的氯气，在氯气上面的无色透明气体就是空气。让我们再等几分钟，这些黄绿色的气体就会升至瓶口，这样的话集气瓶里就充满氯气了。"

黄绿色气体充满集气瓶后，保罗叔叔就将一片玻璃盖在瓶口上，但在瓶口未盖住前，已经有少量气体散逸在空气中，这也许是保罗叔叔特意想要让他的侄子们知道氯气是不适于呼吸的吧！爱弥儿从这次实验后，在脑海里就留存着一个永不磨灭的关于氯气的印象，因为他距离集气瓶十分近，那时他的鼻子立刻闻到了一股让人难受的气味，并且咳嗽得停不下来。于是，我们的小爱弥儿不断拍着胸，但咳嗽依旧止不住。

保罗叔叔道："不要害怕，孩子，你的咳嗽一会儿就会停下来了。这是因为你闻到了一些氯气，你闻到的氯气分量并不多，而且其中还混杂了大量的空气，喝一杯冷开水吧，可以帮助你清洁一下咽喉。"

爱弥儿喝了杯冷开水后，咳嗽果然止住了，但他经过了这次教训，就不敢再贸然靠近盛有氯气的瓶子了。

保罗叔叔说："现在，你的咳嗽已经止住了。其实，吸入少量稀薄的氯气，并不会造成什么严重危害，而且对于吸入过含有腐败物质的污浊空气的人而言，还是很有益处的，但如果将大量纯净的氯气吸入肺内是十分危险的，呼吸几次后就会致命。"

爱弥儿道："那一定是真的，我只吸入一次就已经咳嗽不停了。不过食盐竟然是用这种难闻的氯气和这种足以烧焦我们嘴的钠化合而成的，不得不算是一件神奇的事情！幸亏这两种可怕的物质在化合后改变了性质，否则我是绝不敢再用盐调味的。"

保罗叔叔接着说："而且，幸亏氯和钠在分离后，依旧能恢复它们原有的猛烈性质，因为在某些工业生产中，氯气是一种很重要的原料，氯气的主要功用是漂白。在这个集气瓶里，我倒入了一些蓝黑墨水，然后震荡瓶子，使氯气和蓝黑墨水充分接触，不久就可以看见深蓝色的墨水渐渐变为了灰黄色，看上去像是浑浊的水。这是因为氯气已经将墨水的深蓝色破坏了。"

消失的墨字

"还有一个实验一定会使你们觉得更有趣。这张纸是从一本旧本子上撕下来的，上面用普通蓝黑墨水写了很多字，我用水打湿这张纸——这张纸也必须打湿才行，这理由我们以后会讲——并放在第二个集气瓶里，不久就可以看见这张纸上的字迹渐渐褪去，最终变得没有颜色。我将那张纸从瓶中取出来，请你们仔细检查一下，看看能不能将原来的字迹认出来？"

孩子们接过纸张仔细检查，但看不出任何字迹，就像是没有用过的白纸一样，只能看见几处钢笔的划痕，也仅仅是能依稀辨认而已。

约尔说："纸上所写的文字已经完全消失了，那张纸就像是新的一样。上次提到过二氧化硫能将蓝花漂白，它也能漂白蓝黑墨水吗？"

"并不能，二氧化硫是一种很弱的漂白剂，它没有这样的能力。氯气的漂白能力比二氧化硫强得多，因此它在工业上有着非常重要的用途，不过有几种原料是氯气无法漂白的，下面我们可以通过实验证明。我从一张废报纸上撕下一页，再用蓝黑墨水在纸上写几个字，等字迹变干后，将这张纸也打湿，放在盛有氯气的集气瓶里。你们可以看见我写的字像魔术般地消失了，但同时那张纸上印刷的字却还是深黑色的，而且因为纸张其余的部分都已经被漂白了，所以这些印刷字显得更清楚了，简直像是新印刷的一样。"

约尔问道："氯气能漂白手写字而不能漂白印刷字，这是为什么呢？"

"这是因为制造墨水的原料不同。印刷所用油墨的原料是油烟（或称烟墨）和蓖麻子油，油烟是油类，燃烧时所产生的烟炱是碳的一种变形，极难被氧化（即和氧气化合）。氯气之所以有漂白效果，是因为它可以夺取水中的氢，使放出的氧与颜料化合为一种无色化合物——这就是必须将需漂白的物品先打湿的原因。而因为油烟极难氧化，所以不与氧发生反应，依旧是油烟，因此会保持黑色不变。钢笔所用的墨水却与油烟不同，它有好几种成分，通常是用硫酸亚铁和没食子酸制成，没食子酸能被氧化，变为无色化合物，所以它的颜色会立即消失。"

氯气的漂白作用

"造纸业和纺织业上都会使用氯气作为漂白剂。我们能书写洁白的纸张，能穿着洁白的布匹所制成的衣服都是氯气的功劳，但想要制取氯气必须以食盐为原料，以硫酸为工具。从这个事实更可证明，之前所说的硫酸在工业上的重要性。

"苎麻和亚麻等都略带红色，要除去这种颜色必须经过多次洗涤，所以粗制的麻布会愈用愈白。以前，人们大都利用阳光来漂白麻布，即将麻布平铺在草坪上，白天受阳光照射，夜晚受雨露浸润，一两个礼拜后麻布就会渐渐褪色。

"不过这种漂白方法非常缓慢，既需要大量的时间，又需要宽阔的场地，所花的代价太大了。所以，近代工业漂白棉麻等织物时，会使用比阳光、雨露等更有效的漂白剂，这种漂白剂便是氯气。氯气对于蓝黑墨水等的漂白效果非常快速，这一点你们之前已经见过了。这种气体既然能很快漂白像蓝黑墨水那样的深蓝黑色，那么漂白像棉麻织物那样的浅红色当然更是十分轻松了。"

约尔说道："是不是毛织品和丝织品也可以使用氯气来漂白？这比使用二氧化硫漂白要快多了。"

保罗叔叔说："这可能无法实现。因为氯气的漂白作用过于猛烈，会将毛织品、丝织品漂烂。"

"为什么棉织品和麻织品不会被氯气漂烂呢？"

"因为它们对于氯气的漂白有着不同的抵抗力。试想棉麻等织品坚固牢实，要比毛丝等织品耐用得多，它可以经历多次肥皂水的洗涤、摩擦、槌击、日晒、风吹、雨打等而不会破损。制成棉麻等织品的原料是一种植物性纤维化合物，制成毛丝等织品的原料是一种动物性纤维化合物，两者的化学性质完全不同。氯气只能漂白植物性纤维所附着的颜色。对于动物性纤维，它不但无法漂白，还具有破坏作用。

"许多工厂都会利用氯气来做漂白剂，而为了使用便捷，他们都将氯藏在石灰里，因为石灰能吸收大量的氯。这样制成一种白色粉末状化合物，与石灰一样。它具有一种强烈刺激性臭气，叫作氯化石灰，化学上称为次氯酸钙 $[Ca(ClO)_2]$，工业上称为漂白粉。它就像是一间储藏氯的'栈房'。"

造纸术的演变和造纸方法

"现在，我想向你们介绍氯气在造纸工业上的用途。我们在写字时，肯定不会想到我们所用的白纸是怎样制成的。在几千年前，巴比伦和尼尼微的亚述人用尖笔在未干的土版上写字，然后放在窑中烘干，使文字变得不易磨灭。那时，如果有人想送信给他的朋友，就不得不写一块笨重的土版送去。"

爱弥儿说："现在，一位邮递员一次要投送几十封信，要是所有的信都那样笨重的话，邮递员肯定会被信件压得连路都走不动。"

保罗叔叔接着说道："如果他们要写一部书留给后人阅读（例如，关于当时重要事件变迁的历史），那么这部书就可以将整个图书馆的书架都塞满。一块土版代表书中的一面。如果使用土版写那些现在印刷的书籍，所需要的土版简直可以塞满一间屋子。由此可知，在远古时代，因为书籍的笨重，就是在极大的图书馆里也收藏不了太多的书。这种土版书有极少

的残片流传了下来，有人在尼尼微和巴比伦的遗址中挖掘到它们，残片上的文字意义也已经被人们破译出来了。

"此后，在东方的同一区域，又发明了一种书写的方法，削尖一根苇秆当笔，调匀烟炱和醋当墨水，用在阳光下晒白的羊骨当纸。一部书或一篇文章由许许多多的羊骨用绳子串起来。

"在古代欧洲，特别是希腊和罗马等文化极为发达的地区，那里的人们常用涂着薄层蜡的木版和一端尖锐一端扁平的刻笔作为书写工具。刻笔的尖端是用来在蜡上刻字的，扁平端是用来擦去写错的字或刮平新熔蜡面的。

"在古代，埃及人发明的草纸是最接近于近代纸的。当时尼罗河两岸盛产一种苇草，英文名为'papyrus'，苇草秆外有一层白色的薄皮，可以将其一条条剥下来，将这种长条草皮在河水中浸透，然后一条条排列起来，再在这上面横着排列相同的一层草皮，压平后用槌子锤打结实，就成功制成了一张可以用来写字的草纸。此时，所用的笔也是削尖的苇秆，墨水是用烟炱制成的液体。纸的英文'paper'就是从'papyrus'转化而来的。

"草纸并不会切为小小的四角方形，像近代所使用的纸张的样子，而是按照文字的多少来确定草纸的长短。所以一本草纸书，是一张长条纸，为了携带便利，常常将其卷在一条木轴上。我们现在阅读一本书，是一页一页翻开看的，而且每一页都有两面写字。古人读书却和我们不同：他们将卷轴纸慢慢展开来看，而且每个卷轴都只写一面。

"中国人发明了真正的纸。9世纪时，阿拉伯人从中国引入了造纸的方法，但是欧洲人知道如何造纸却已经是13世纪了。约在1340年，法国建立了第一个造纸工厂。现在，你们所见到的洁白的纸都是使用木、竹、棉、麻或破布制成的。现代的造纸方法如下：

先切细原料，然后加入适当药品，一同煮沸，溶去其中的无用物质，再用水洗涤，放入装有回旋刀片的槽中，刀片会将各种物品切碎，得到灰色浆状物质，叫纸浆。

而在用纸浆造纸前，必须先将纸浆漂白，此时所用的漂白剂就是我们之前所说的含有大量氯的漂白粉。

然而，要想制成适于书写和印刷的纸张，就必须使纸张质地不易渗透。要达到这个目的，可以在纸浆中加入树胶和淀粉等物质，那样制成的纸就会变得质地密致、不易渗透，这个操作叫上胶。纸浆经过漂白和上胶后，就可以进行最后一步操作。

将纸浆悬浮在水中，使其沥过一层细金属网，纸浆中较粗的颗粒就会留在网上，较细的颗粒则通过网眼。另一个更细的金属网不断在滚轴上转动，接受第一个粗金属网上卷过来的纸浆，并滤去水分，将其变为一层纸质薄膜。这薄膜就是未经干燥的纸，它被转动的细金属网送到一块宽毛巾上，毛巾会吸收纸上一部分剩余水分，然后又把它送到几个相连的圆筒上，这种圆筒的中央是空的，可以使用水蒸气进行加热，使筒外的纸质逐渐干燥、结实。已干燥过的纸再经过另一种圆筒，将纸面加压磨光，这样一条宽的纸就制好了，它的长度可以无限长。从槽中的纸浆到制成长长的纸，只需几分钟时间而已。

"这一系列操作完成后，将卷在最后的圆筒上的长条纸切成适当大小，便可以用作各种用途了。

"此后，你们在读书或写字时都应记住：正是因为从食盐中制取的氯气的作用，纸张才变成白色的。"

Chapter 25
氮的化合物

硝酸的制法

"我们今天要讲的是氮的化合物。氮的化合物主要有硝酸（HNO_3），所以我们先谈一谈硝酸的制法。

"普通的酸大多是先将非金属氧化或燃烧为其酸酐，然后再将酸酐与水互相反应制成的。但是，使用这个方法制造硝酸其实是很不容易的，因为氮气是一种惰性的气体。一般状况下，它不易与其他元素化合。对于这个事实，我们可以从日常生活中找到非常明显的证据。用炉子生火时，燃料中不停地流动着空气——氮气和氧气的混合物——通过燃烧产生热。此时，虽然温度很高，但氮气并不会燃烧并与氧气化合，它进入时是氮气，出来时还是氮气。想要氮气和氧气直接化合生成硝酸，虽然并不是不可能的事情，但需要很复杂的设备，在我们简陋的实验室是无法实施的。现在，我们要得到硝酸只能利用含有氮、氧的天然物质了。

"在潮湿的墙壁上，我们常常可以看见一种白色粉状的物质，我们以前曾经介绍过这种粉状物质。约尔告诉过我们，如果使用鸡毛将这种粉状物质从墙壁上刷下来撒在炭火上，就会产生耀眼的火焰。它就是硝石，在化学中叫硝酸钾（KNO_3），由硝酸和氧化钾制成。硝酸钾除了含有氮和钾两种元素外，也含有大量的氧元素，所以将它撒在火上就会分解出氧气，使木炭猛烈燃烧。在我们的实验室里，最适合用于制造硝酸的原料就是硝酸钾。

"使用硝酸钾可以很方便地制造出硝酸，只要用一种强酸与硝酸钾相互作用就可以了。硝酸钾中的钾和酸中的氢相互交换就可以得到。这里所需的最适当的酸便是硫酸了。现在，我们将浓硫酸注入硝酸钾中并加热，就可以看见硝酸气体大量逸出。将这种气体冷凝后，就可以得到液态的硝酸。"

硝酸的特性

"由于硝酸是一种非常猛烈的物质，所以人们称它为'镪水'，这个'镪'字就表明它极强的侵蚀能力。如果皮肤上沾到一点儿硝酸就会立刻被灼烧为焦黄色，并留下永久的疤痕。如果硝酸装在一个软木塞瓶子里，软木塞就会被腐蚀变烂，而成为黄色的木浆。

"硝酸是储藏氧的'栈房'，它极容易将氧释放出来。所以硝酸遇到了其他物质，大多能将其腐蚀或燃烧，这里所谓的燃烧并不是指一定会产生火焰，只是说硝酸中的氧与其他物质发生高热化合反应。

"现在，让我们来看一个硝酸腐蚀金属的实验。我将一些硝酸倒入铁屑中，混合物立刻产生一股棕红色的浓烟和一阵微弱的声音。同时，这堆物质的温度也升高了。几分钟后，铁屑完全燃尽，只剩下一些铁锈。我再用锡箔做一下相同的实验。同样的，我们也可以看见这股棕红色浓烟，并听见一阵微弱的声音，感觉到温度升高。之后，锡箔变为了白色糊状物，这堆白色物质就是燃烧后的锡，或称为锡锈、锡的氧化物。如果我再使用铜做同样的实验，结果也与前面两个实验一样，不过铜锈在生成时就会溶解在酸液里而变成蓝绿色液体。但是，有些金属并不会被硝酸腐蚀，比如，永远不会生锈的金。取一张烫金用的金箔，将这张金箔放入浓硝酸里，看不出发生了什么变化，金箔依旧保持金属光泽，即使将浓硝酸加热到达沸点，结果也不会改变。生活中，我们可以使用硝酸鉴别外表相似的

黄金和铜，黄金遇硝酸不起变化，铜遇到硝酸却会立即被腐蚀并产生棕红色气体。

"印刷时，人们就是利用了硝酸能腐蚀锌的性质而制作锌版的。其制造顺序可以分为5步：

第1步：在锌版表面均匀地涂上一层感光膜。这层感光膜由蛋白和重铬酸盐制成，遇光就会改变其可溶解于水的性质，变得不可溶于水。

第2步：将特制的照相底片反着贴在锌版的感光面上。然后，在强光中暴晒。光线会进入底片的透明部分，并作用于感光胶膜，将其变为不可溶于水的物质。

第3步：将曝光后的锌版涂上油墨，浸于冷水中洗涤，锌版上未受光照的胶膜会完全溶去，残留下清晰的覆有油墨的字（图）。

第4步：将锌版烘热，使油墨具有黏性，再撒上麒麟血粉（俗称红粉）。冷却后，锌版就可硬化并变为耐酸腐蚀。

第5步：将锌版与稀硝酸反应。锌版上没有耐酸物质遮蔽的部分就会被硝酸腐蚀而变得凹陷。待锌版表面被腐蚀到适当深浅时，将硝酸洗去，字（图）就可以清晰地呈现在锌版上了。

"到这里，我们关于硝酸的内容就讲得差不多了。现在，让我们来研究一下刚刚提到的化合物——硝石（硝酸钾）。"

黑火药和阿摩尼亚水

"硝石的主要用途是制造黑火药。黑火药是由一定分量的硫黄、木炭和硝石混合而成的。硫黄和木炭都具有很好的可燃性，硝石中含有大量的氧，具有很好的助燃性。当黑火药被点着后，硝石就会释放出氧气，硫黄和木炭会与氧气化合立刻变成气体。此时，会产生大量的气体。如果这些气体可以自由扩散开，那么其体积要比黑火药原来的体积大将近150倍，但如果将这些气体密封在很小的子弹壳里，那么它就会剧烈地推开弹壁，发生爆炸，就像一根上足了弦的发条具有强大的反动力一样。

"接着，我们有必要了解氮的另一种有用的化合物。它对于农业意义重大。这个瓶子里装有一种像水一样的液体，但是我劝你们不要打开瓶盖嗅闻这种气体，因为它具有非常强的刺激性，嗅过会感觉十分难受。你们来尝试尝试，闻一闻这个瓶塞吧！嗅过之后，你们就会立即相信我的话了。"

爱弥儿自从嗅过氯气的臭味后，对于一切有臭味的气体都非常小心。他谨慎地嗅了嗅瓶塞，不禁大叫起来："啊——好厉害！钻到鼻子里去了，我感觉像是被无数尖针刺着一样。"说着，他擦了擦流下的眼泪。此时，他其实并未有任何想哭的感觉。他将瓶塞递给约尔，约尔嗅闻后立刻认出了这种液体。

"咦！这是阿摩尼亚水。我曾见过洗涤店用这种液体洗除衣物上的污迹。这种液体会释放出一种极为难闻的臭气，我一闻就闻出来了，而且爱弥儿闻了会流眼泪，它一定是阿摩尼亚水。我第一次闻它时，也被刺激得

眼泪直流。"

保罗叔叔道："你说得对，这个瓶子里的液体的确是阿摩尼亚水，化学学名叫氨水。因为氨水能与污垢化合变成可溶物质，所以它被用来洗除衣物污迹。用小刷子蘸一些氨水刷在衣物有污迹的地方，然后放入水中冲洗，就能将污迹去除干净。这就是你们经常看见的去除污迹的方法。"

氨水和氨气

约尔问道："氨水和氨气是不同的物质吗？"

"是的，它们是不同的物质。氨气是无色透明的气体，具有刺激性味道，会刺激鼻黏膜，使人不停流泪。而氨水却是水和氨气的化合物，由大量氨气溶于水制成。这个瓶子里的液体便是含有大量氨的水溶液。之所以说大量，是因为氨气极易溶于水。在常温下，1升水中约能溶解700升氨气，所以在氨气的'栈房'氨水中会时常有氨气逸出，我们因嗅了氨水而流泪便是这个缘故。如果我们将氨水加热，那么逸出的氨气就会更多了，它的味道也就更强烈了。"

爱弥儿道："即使我们心里都想笑，它也会使我们泪流满面。氯气会使我们咳嗽，氨气会使我们哭，它们真是有本事啊！"

保罗叔叔认同道："对，氨气有异臭，又能使我们的眼睛酸痛流泪，所以我们从这两种性质很容易就可以辨别出气体化合物。

"在实验室里制取氨气，可以使用一种叫硇砂的白色结晶体——化学上叫氯化铵（NH_4Cl）——和潮解的石灰粉末混合后加热制成。这个操作所需的装置与制取氯气的装置类似，只需减少烧瓶上所插入的玻璃漏斗就可以。因为氨气比空气轻，所以可以在空气中倒覆空瓶收集它，或将氨气通入水中制成氨水。

"氨气由氮和氢组成。近年来，工业上会将空气中的氮气和氢气直接化合，称为合成氨。这样做既节省费用，产量又大，在很大程度上帮助了农业。在你们看来，氨气可能只是一种去除污迹的物质，但是在农民眼中它却是宝物，因为它可以制成各种有用的肥料，直接影响农作物产量，间接影响我们每天的粮食。一切生物，无论是植物还是动物，都含有氮元素。当它们死亡时，会通过腐败作用将其所有元素都归还自然。它们含有的碳元素会变为二氧化碳，氢元素会变为水分，氮元素会变为氨气。但是，这些因腐败而产生的物质又会被植物再次吸收，二氧化碳提供碳元素，水提供氢元素，氨气提供氮元素，氧元素则存在于各种动植物中。植物所含的4种元素构成我们吃的面包、蔬菜、水果。动物将从植物中得来的食物转化形态，变成肉、乳、毛、皮或其他各种有价值的物质。

"总之，氮元素要进入动物体内，必须先经过植物，而要进入植物必须先变为氨气。由此我们可以理解：含有大量氨气的粪为什么会成为农作物的宝贵肥料。

"关于氨水——氨气的水溶液，我还需要再补充几句：氨水是无色、有异臭的液体。它与石灰及草灰水的溶液味道一样涩，而且也能将被酸变红的石蕊试纸再变回为蓝色。我们曾经见过石灰水将紫罗兰或其他蓝色的花变成绿色，氨水也具有这个功能。

"氨气的用途很广。之前，我们曾说过它可以去除衣物上的污迹，但它还会使衣物颜色变淡，影响色质。所以使用氨水去除衣服污渍只适用于深黑色和其他不易褪色的衣物。在这里，我还要多说几句，这些都是你们用得到的知识。在做化学实验时，如果有酸类液体溅到黑色衣服上，出现一个个小红点，可以立即在这些红点上滴一点儿氨水恢复颜色。

"氨水能治疗蝎、黄蜂、蜜蜂等虫豸毒刺所螫的中毒反应，甚至还能缓解被毒蛇咬伤后的严重中毒反应。被螫后，如果能立即在伤口上涂上氨水，可以制止毒素发生作用。

"氨气中含有丰富的氮元素，而氮存在于各种植物中，所以氨气确实

可以被认为是植物最主要的食物。以前，给农作物施肥时会大量使用粪便，就是因为粪便腐烂后会释放出大量的氨气。近几年，人造肥料的研究已经一天天进步了，人造肥料除了含有氮之外，还含有硫酸钾和磷酸钙等成分。钾、磷、钙等元素对于植物的生长也是不可缺少的。"